城市配电网网格化规划技术与应用

宋新明　主编

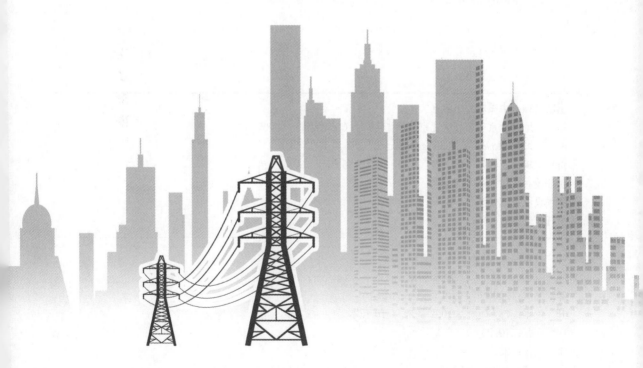

中国电力出版社
CHINA ELECTRIC POWER PRESS

内 容 提 要

本书系统性地介绍了城市配电网网格化规划技术及应用方法，共计包含城市配电网网格化规划总体介绍、网格化规划体系介绍、网格化规划管理及应用、国内外典型配电网案例介绍、附录五个篇章，内容涉及供电网格及供电单元优化计算、配电网网格化规划、工程建设协同、规划与运维协同、规划落地工作机制、网格化规划辅助决策信息系统、国内外典型配电网实际建设案例调研分析等，同时涵盖网格化规划常用技术方法及计算公式等，可供查询、参考。

本书适用于城市配电网网格化规划工作的开展，可供规划设计人员及配电网专项咨询研究人员参考使用。

图书在版编目（CIP）数据

城市配电网网格化规划技术与应用 / 宋新明主编 . —北京 ： 中国电力出版社，2020.12（2023.3重印）
ISBN 978-7-5198-5174-3

Ⅰ . ①城… Ⅱ . ①宋… Ⅲ . ①城市配电网－电力系统规划 Ⅳ . ① TM727.2

中国版本图书馆 CIP 数据核字（2020）第 230647 号

出版发行：中国电力出版社
地　　　址：北京市东城区北京站西街 19 号（邮政编码 100005）
网　　　址：http://www.cepp.sgcc.com.cn
责任编辑：王春娟　匡　野（010—63412786）
责任校对：黄　蓓　郝军燕
装帧设计：郝晓燕
责任印制：石　雷

印　　　刷：固安县铭成印刷有限公司
版　　　次：2020 年 12 月第一版
印　　　次：2023 年 3 月北京第三次印刷
开　　　本：787 毫米 ×1092 毫米　16 开本
印　　　张：12.25
字　　　数：251 千字
印　　　数：1501—2000 册
定　　　价：48.00 元

编委会

序言

  配电网是城市现代化建设的重要基础设施，具有投资大、设备多、结构复杂、对用户供电可靠性影响大等特点。同发达国家的配电网相比，我国配电网还存在损耗大、供电可靠性低等方面的不足。自"十一五"以来，我国每年用于配电网建设改造的投资均达到近千亿元。随着国家节能减排战略的推进，分布式可再生能源发电系统、电动汽车等将大规模接入配电网，在改变网络潮流特性的同时，这些设施将给配电网规划与运行带来巨大的挑战。科学地开展配电网规划工作有助于投资的高效利用使供电可靠性、综合电压合格率、网损率、资产利用效率、新能源接纳能力等指标得到有效改善，这对补齐我国配电网发展短板意义重大。

  作为我国最早实行对外开放的四个经济特区之一，深圳从一个小渔村逐步发展为国际化大都市、粤港澳大湾区的核心城市，并承担建设中国特色社会主义先行示范区的历史使命，是我国城市建设和经济发展的标杆。毋容置疑，可靠优质的电力供给为城市发展提供了重要支撑。尤其是近年来，负荷快速增长与土地资源日益稀缺之间存在很大矛盾，科学的规划和建设改造对配电网健康发展起到了至关重要的作用。

  本书总结了深圳在多年配电网规划工作中所积累的宝贵经验，并充分结合了模块化、精细化等先进规划理念和国内外配电网典型案例，系统梳理了供电网格划分、现状诊断分析、电力需求预测、高/中/低压配电网规划、无功与智能化规划、用户与分布式电源接入等规划关键环节的技术需求，提出了规划工作的实施方法，并制订了网格化规划与工程建设、运维等业务之间协同以及辅助决策系统等方面的应用技术方案。

  本书可以为我国城市配电网规划工作提供重要的技术参考，对我国配电网规划的技术进步起到重要促进作用。希望本书的出版能有力推动我国配电网健康发展，支撑国民经济发展和人民生活水平提升。

王成山

2020 年 5 月于天津

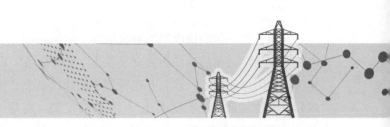

编者按

　　配电网作为电网的重要组成部分，直接面向电力用户，与广大群众的生产生活息息相关，是保障和改善民生的重要基础设施，是用户对电网服务感受和体验的最直接对象。其中，配电网规划是电网规划的重要组成部分，是指导配电网发展的纲领性文件，是配电网建设、改造的依据。开展配电网规划，制订科学合理的规划方案，对提高配电网供电能力、供电可靠性和供电质量，满足负荷发展需求，适应分布式电源及用户灵活接入，实现配电网"安全、可靠、绿色、高效"运行，切实提升配电网发展质量和效率具有重要意义。

　　配电网具有点多面广、资产规模大、项目繁杂、工程规模小，同时又直接面向社会，与城市发展规划、用户多元化需求、新能源及分布式发电密切相关，建设需求随机性大、不确定性因素高，需要精细化规划和精益化运营。结合国内外配电网规划工作近年来开展情况，配电网规划工作呈现出了"三个转变"的典型特点，即规划目标由多目标向提升用户供电可靠性、提升电网资产全生命周期利用效率等核心目标转变，规划内容由宏观规划向精细化、实用化转变，规划成果由定性分析向定量研究转变。与此同时，进一步分析影响国内配电网发展的内外部环境可知，我国经济社会发展已由高速发展转向高质量发展，以及新一轮电力体制改革对供电企业的降本增效提出更高要求，使得配电网规划的精细度及投资精准度成为了影响区域配电网健康可持续发展的关键因素。基于上述背景，网格化规划方法作为提升规划工作颗粒度及精准性的重要技术手段，在配电网规划工作中得了广泛推广探索和应用。

　　为满足人民对美好生活的电力需要，南方电网公司贯彻落实国家加快配电网建设改造指导意见和配电网建设改造行动计划要求，印发了《南方电网公司加快配电网建设改造行动计划实施方案（2015～2020年)》，以满足用电需求、提高可靠性、促进智能化为目标，坚持规划引领和规划整合，按照统一标准、统一建设、避免浪费原则，落实配电网一次规划和二次规划的衔接，落实配电网基建规划和技改规划的整合，大力提升配电网架及装备水平，提高配电网自动化建设和实用化水平，推进落实带电作业、无人机等新技术应用，全面推进配电网的建设改造工作，实现配电网从"供上电"向"供好电"的转变。《2019年全国电力可靠性年报》显示，在全国326个地市级行政区域供电可靠性排名中，粤港澳大湾区6城市供电可靠性排名全国前十。

回望过去，深圳供电局为解决早期配电网网架跟着负荷"原生态"发展导致网架联络关系复杂，甚至出现长距离交叉供电、"蜘蛛网"式接线等问题，在国内率先于2009年提出"网格化规划"理念并在罗湖莲塘片区试点。经早期探索，规划人员发现网格化规划可以使复杂接线"标准化"，配电网发展"有序化"，重复建设"趋零化"。随后，2010年至2014年罗湖全区开始推广网格化规划，并在实践中不断丰富网格化管理工具在配电网中的应用，如网格化运行控制、网格化设备维护等。深圳供电局从2015年起开始全面推广网格化规划，并在实践中总结提炼出了基于网格化的城市配电网规划业务管理体系，实现了网格化对配电网资产全生命周期关键业务贯穿式协同作用，成为了加强精益规划、精准投资的重要手段，进一步强化了规划的龙头定位和引领能力；2016年，东莞供电局为高质量保障粤港澳大湾区电力供应，围绕建设世界一流配电网的目标，以如何实现首个"1"的可靠性目标（即指中国南方电网公司10个主要城市城区客户年平均停电时间少于1小时）为总抓手，在排除管理等人为因素影响的前提下，聚焦配电网物理结构的探索与研究，深度思考与论证配电网物理系统与"停电一小时"可靠性目标的关联关系，并通过深入挖掘国内外一流配电网结构形态、设备水平、关键指标等方式，最终构建形成了"停电一小时"目标的九类特征要素及三类特征指标，有效指导东莞中心城区"停电一小时"特征电网建设目标的顺利实现。

通过近年来的实践，电网规划建设成效日益显现。深圳供电局于2018年底率先在福田中心区建成供电高可靠性示范区，配电网故障实现毫秒级复电，正式迈入客户年平均停电时间小于2.5min的国际领先水平。2019年，福田中心区客户年平均停电时间进一步缩短至0.19min，供电可靠率实现99.99996％，标志着这座全国"含金量"最高的中央商务区，达到世界顶尖水平。2019年，深圳全市客户平均停电时间降至0.54小时/户，接近世界领先水平，在全国50个主要城市中排名第二，连续十年进入全国前十；东莞供电局于2018年底在东莞中心城区初步建成一小时特征电网，客户年平均停电时间首次低于1小时。2019年，东莞中心城区客户年平均停电时间进一步缩短至0.79小时/户。

本书编制的目的即是以城市配电网网格化规划工作作为核心内容，结合规划工作的实践经验，力求系统性的阐述配电网网格化规划业务支撑体系及实践路径，注重总结提炼网格化规划与工程建设、运维的协同方法以及网格化规划成果落地的工作机制，并进一步以实际案例展示网格化规划成果，以期为国内外配电网规划工作水平提升以及高供电可靠性区域配电网规划建设提供参考借鉴。

本书编制是以"系统详尽、贴合实际、切实可用"为原则，系统性阐述了城市配电网网格化规划业务支撑体系。全书由宋新明主编，第一篇"城市配电网网格化规划总体介绍"，由宋新明、徐旭辉、孔慧超、叶琳浩编写。第二篇"城市配电网网格化规划体系介绍"，由宋新明、尚龙龙、康文韬、邱方驰、马彬、林毓、崔建磊、刘洪、刘弢、胡雅秋、慈海、史帅彬、李志铿、刘永礼、张安龙、张之涵编写。第三篇"城市配电网网格化规划管理及应用",由宋新明、徐旭辉、尚龙龙、康文韬、邓世聪、李健、陈昆、胡冉、李小飞、阳浩、郝哲、谢莹华、杨文锋、张安龙编写。第四篇"国内外典型配电网案例介绍",由康文韬、尚龙龙、孔慧超、罗煜、吴新雄、时亨通、薛荣、曾伟东、张杰、程卓、王若愚、张钰姝、汪建波、舒舟编写。第五篇"附录",由对应篇章编写人员负责。

本书编制过程既考虑了网格化规划的基础性技术内容,同时也借鉴了行业内的先进理念及优秀做法,力求撰写内容在实现基础性指导意义的同时,能够为配电网规划工作者提供更为广泛的思路与眼界,引导配电网规划技术在差异化、精细化、易用性以及实际应用价值等方面,得到进一步的发展与优化提升。

本书在编写过程中,得到了中国南方电网公司各相关单位的大力支持,以及各级领导、业内专家和天津大学研究团队的悉心指导,编写组在此表示衷心的感谢与诚挚的敬意。本书凝聚了编写组全体成员的辛勤付出,希望书籍内容能够为配电网规划建设水平的提升贡献一份力量,编写组虽对书籍体系架构、素材选取、问题叙述进行精心构思安排,但因水平有限,内容及文字中可能存在疏漏、不足甚至错误,敬请广大同行及读者提出宝贵意见或建议。

编者
2020 年 8 月
于深圳

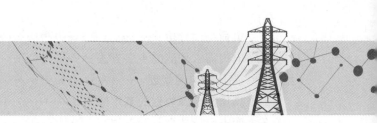

目 录

第一篇　城市配电网网格化规划总体介绍

第1章　网 格 化 规 划 概 述

配电网直接面向终端用户，是电力系统中保证电能供应"落得下、配得出、用得上"的关键环节，对区域社会经济发展及人民生产生活水平提升具有至关重要的支撑作用。

配电网根据电压等级可分为高压配电网、中压配电网和低压配电网，其中高压配电网一般采用110kV和35kV电压等级；中压配电网一般采用10kV电压等级，部分地区采用20kV或6kV；低压配电网的电压等级一般为380/220V。

网格化规划方法可有效提升配电网规划成果颗粒度及精准度水平，可有效适应城市配电网规模庞大、结构复杂、发展快速等特点，亦可将配电网规划与日常管理工作进行紧密结合，在目前配电网规划工作中应用较为普遍。

1.1　网格化的内涵

从管理学和系统科学的角度来看，网格化管理实际是指管理中一种要素配置、信息联通、行为实施的系统化方式和机制。所谓"网"，指的是若干个格组成的适当区域。所谓"格"，是指管理区域或对象被划分后的空间单位，类似地块、责任区等，可大可小。所谓网格化，即各种资源被灵活、合理地配置在各个不同的格内并实现相互协作的过程和状态。配电网网格化有两层含义，分别为网格化供电和网格化管理，其中网格化供电是开展网格化管理的基础。

网格化供电即是按照地理位置、网架现状、负荷分布和上级电源等实际情况，综合规划建设、运行控制、设备维护和客户服务等业务需求，将复杂的配电网划分成若干地理上和电气上均相对独立的供电网格，并在此基础之上进一步以网格为单位实现配电网供电。

网格化管理即是运用"大而化小，分而治之"的管理理念，将网格作为配电网管理的基本单元，以网格化供电成果为基础，将配电网建设改造与运维管理工作贯通，清晰掌握网格内电网设备、资源、投资等情况，为管理流程优化及责权分配到人提供实施基础，从而最终实现快速高效解决管理问题、充分提升管理精细化水平的目标。

1.2　网格化规划内容与流程简述

配电网规划是电网规划的重要组成部分，是指导配电网发展的纲领性文件，是配电网建设、改造的依据。2014 年，习总书记在北京视察工作时指出，规划科学是最大的效益，规划失误是最大的浪费，规划折腾是最大的忌讳。开展配电网规划，制订科学合理的规划方案，对提高配电网供电能力、供电可靠性和供电质量，满足负荷发展需求，适应分布式电源及用户灵活接入，实现配电网"安全、可靠、绿色、高效"运行，切实提升配电网发展质量和效率具有重要意义。网格化规划则是依托"网格划分"技术，进一步提升规划成果精细化、精准化及精益化水平。具体来说，城市配电网网格化规划是指在分析配电网现状建设水平以及研究未来城市发展定位的基础之上，运用体系化建设思维，规划一套涵盖近、中、远期配电网发展需求的建设改造方案，且规划方案在充分满足用户用电需求及电能质量要求的同时，应以供电可靠性及投资经济性为衡量指标，对区域配电网可用的建设方案及设备选型方案进行论证，逐一选取最优或次优方案，构建形成涵盖高、中、低压配电网规划建设需求的项目储备库，从而指导区域配电网逐步实现"安全高效、灵活可靠、绿色友好、智能互动、信息透明"等发展建设目标。

一般来说，城市配电网网格化规划主要涵盖 110、35、10（20）kV 及 380/220V 等层级，在此基础之上可根据电网实际建设需要，进一步做纵向或横向延伸。其中，纵向延伸是指以配电网建设需求作为出发点，运用"自下而上"的规划思路，逐步提出对上层高电压等级电网的建设需求；而横向延伸则指以配电网建设为基础，进一步开展智能电网、分布式能源、新态势负荷（电动汽车等）、综合能源应用等专项规划或专题研究，从而实现区域配电网规划建设方案合理性水平及实际指导应用价值的提升。

网格化规划的主要流程可分为收资校核、网格划分、现状分析与负荷预测、网架规划、成效分析五大阶段。结合具体规划内容，可进一步细分为规划边界条件确定、区域概况解读、配电网网格划分、现状电网诊断分析、电力电量需求预测、差异化技术原则编制、电力平衡及变电站选址定容、网架规划方案编制、投资估算以及规划成效分析等共计十个主要章节。亦可在此基础之上进一步增加智能化规划、电动汽车充电设施接入规划、分布式能源接入规划等内容。网格化规划的主要特征在于以划分的供电网格为基本单位，逐个网格开展规划工作，其规划流程与常规配电网规划的区别如图 1-1 所示。

网格化规划主要流程简述如下：

（1）网格划分。以城市总体规划、现状电网、负荷特性等为划分依据，对区域配电网进行空间层面的划分，将配电网逐步分解为若干相对独立的供电网格。

（2）现状分析。对现状电网分别从网架结构、设备水平、运行维护等层面进行系统性分析，逐一确定电网存在的主要问题及其成因。

（3）负荷预测。根据区域社会经济发展水平和历史年电力电量发展情况，进行总量预测、分区预测和空间负荷预测（网格预测），为电力平衡、变电站选址定容、供电网格网架规划提供支撑。

（4）编制差异化规划技术原则。以提升配电网规划精细度水平为目标，秉承"适度超前"原则，修订、完善差异化规划技术原则。

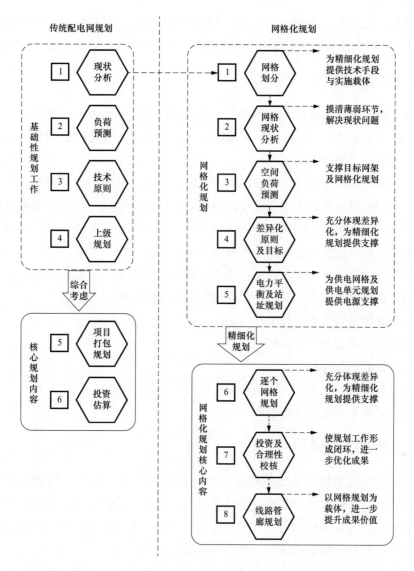

图 1-1　城市配电网网格化规划主要流程示意图

（5）电力平衡及变电站选址定容。基于现状电网及负荷预测结果，开展电力平衡分析，并量化测算各网格所需变电容量，之后以现有变电站为基础，充分考虑供电可靠性及经济性需求，论证、选取新的变电站布点及供电容量建设方案。

（6）供电网格网架规划。以供电可靠性、运行经济性、调控灵活性为目标，逐一开展各供电网格目标网架、中期过渡方案、近期建设项目的规划编制工作。网架规划一般分为方案形成和可行性论证两个阶段，通过 $N-1$ 校验、可靠性分析等定量计算，以多方案结果寻优的方式确定规划建设项目库。

（7）投资估算。依据规划项目库，详细列明建设方案工程量及投资估算结果，并对项目库投资经济性水平进行量化分析，以支撑规划完善及投资决策工作。

（8）规划成效分析。以网格为单位，对配电网规划方案整体建设水平进行综合评价，涵盖供电能力、可靠性水平、关键指标达成率等，确保规划方案满足区域配电网建设需求。

1.3 规划阶段划分

配电网规划年限应与国民经济和社会发展规划的年限相一致，一般可分为近期（近5年）、中期（5~10年）、远期（15年及以上）三个阶段，遵循以近期为基础，以远期为指导，逐年滚动修编的思路原则。

其中，近期规划应着重解决配电网现状问题，提高供电能力和可靠性水平；中期规划应考虑配电网远景发展，确定中期建设目标，指导近期建设，制订近期配电网向目标网架的过渡方案；远期规划则侧重于战略性研究和展望，重点关注长远发展目标，以饱和负荷预测为依托，绘制目标蓝图，提前布局站址廊道。

滚动修编可确保网格化规划成果快速响应城市发展需要，有效提升规划方案的指导意义及应用价值。出现下列情况之一，应视需要开展规划修编工作：

（1）城市总体规划调整或修编；

（2）上级电网规划调整或修编；

（3）电源规划调整或修编；

（4）用电负荷特性及水平（或负荷发展趋势）明显变化时；

（5）配电网技术出现重大革新时。

1.4 规划重点与难点

配电网网格化规划旨在通过制订科学合理的规划方案，提升区域配电网的供电能力、供电质量及可靠性水平，实现配电网系统的经济高效运行。整个规划过程涉及海量数据的分析处理、大量多目标规划方案的比选与论证，工作体量庞大、结构复杂，有必要率先对网格化规划工作中的重点、难点内容进行说明。

（1）数据收集校核。规划所需数据涉及地区概况、经济发展、能源资源、电源装机、负荷电量、网架结构、设备台账等多个方面，且数据分散在社会、政府、供电企业等多个单位、部门，因此收资校核工作开展前应制订详实的收资计划及收资清单，合理安排收资工作，认真甄别数据可用价值。

（2）负荷预测。负荷预测是网格化规划的基础，对电源规划、高压网络构建、建设标准选取、站址廊道布局等工作具有重要支撑作用，些许偏差即可能对规划成果产生颠覆性影响。因此规划人员应提前结合规划区特点、历史电力电量数据以及规划目的，构思详实的负荷预测思路及预测方法。负荷预测过程中规划人员应注意协调预测精度与预测效率间的平衡关系，避免因过度强调预测精准度而导致工作体量明显增加等类似问题的出现。

（3）网架规划。网架规划是网格化规划的核心内容，其主要难度在于规划方案编制属于多约束、非线性、多目标组合优化的求解过程，即需要同时满足配电网供电能力充裕、安全可靠、经济高效等建设目标；且规划方案受设施用地、施工条件、经济发展等因素影响，规划编制时还需深入考虑项目的可落地性等问题。因此技术人员应在网架方案编制过程中保持清晰的规划思路及灵活变通的规划方法，通过多方案比选寻优等方式，逐步实现网架规划方案的最优求解。

（4）规划成效分析。网格化规划方案编制完成后，有必要对成果整体合理性及规划成效进行校核，以进一步验证核心规划目标及各项微观指标的实现情况。成效分析的首要难点在于清晰梳理核心规划目标与各项微观指标间的关联关系，只有将核心目标分解为若干"可测"的微观指标，才能够形成具有可实施性的成效分析方法；其次，除去部分通过统计、核算即可确定结果的微观指标外，仍有部分指标需通过模拟仿真分析等方法才可进行校核，如可靠性指标等，这在技术深度和分析计算量方面进一步增加了规划工作的开展难度。

（5）技术经济评价。其目的在于确保规划方案的技术先进性及财务可行性，是规划投资的重要决策依据之一。评价应以规划项目投资估算为基础，结合规划区配电网投资水平，逐一开展投入产出分析及方案敏感性分析；在新一轮电力体制改革等因素的影响下，亦可结合规划需要进一步开展输配电价影响等层面的分析。因此技术人员需具备较为完备的经济评价技能，并对新一轮电力体制改革的相关政策进行充分掌握，以便于提升网格化规划成果的经济技术评价水平。

1.5　对基础数据的要求

基础数据是支撑网格化规划工作开展的重要条件，同时数据真实性及有效性也将对规划成果产生深远影响，因此在开展配电网网格化规划工作之前，应对基础资料收集的主要内容及相关要求进行明确。

1. 基础数据收集内容及来源

网格化规划过程中所涉及的基础数据种类繁多且内容复杂，为了便于说明，可将其罗列为三大类数据，即文本类数据、图形类数据以及台账类数据，各类数据亦可根据其具体内容及来源做进一步细分，具体情况如表 1-1 所示。

表 1-1　基础数据收集内容及分类

类别	数据内容	数据来源
文本类	城市总体规划（控制性详细规划等）	政府正式发布
	统计年鉴	政府正式发布
	政府工作报告	政府正式发布
	国家及地方重要政策	政府正式发布
	新区、园区等片区性规划报告（控制性详细规划等）	园区管委会
	电网规划报告（高、中压）	电网企业
	电网运行方式报告	电网企业
	区域负荷特性调研分析报告	电网企业

基础数据收集内容及分类   续表

类别	数据内容	数据来源
图形类	城市总体规划图（控制性详细规划图等）	政府正式发布
	地理背景图	政府规划部门或电网企业
	电网地理接线图（高压、中压）	电网企业
	电网单线图（高压、中压）	电网企业
	电网联络关系图或拓扑图（高压、中压）	电网企业
	大用户或典型用户地理分布图	电网企业
台账类	电源设备台账及运行数据	政府能源部门或电网企业
	电网设备台账及运行数据	电网企业
	现状年及历史年（一般不小于五年）电网负荷、电量数据	电网企业
	现状年电网运行指标数据（线损、电压合格率、供电可靠性）	电网企业
	大用户生产情况及历史年负荷电量数据	电网企业

规划技术人员在收资工作开展前应对预计收资内容进行详细罗列，并制定收资计划，以确保后续网格化规划工作的顺利开展。收资过程中可充分运用政府门户网站、电网企业信息化管理系统、大型用电用户官网等数据平台，以提升收资消息及数据质量水平。由于本书后续章节将详细介绍各部分规划工作的具体开展情况，故各类数据的收资范围、标准及其与网格化规划工作的对应关系等不再赘述，详细收资明细可参考附录A相关内容。

2. 基础数据整理与校核

当各收资渠道的资料成果逐步提报后，规划技术人员应对数据内容进行详细的整理与校核，以确保资料数据的全面性及质量水平能够满足网格化规划的相关要求，对于存在问题或收资不全的数据，应充分与数据管理或维护部门进行沟通，进一步开展二次收资、校核工作。需要特别说明的是，当同类数据分别来自于不同的收资渠道时，应对数据口径、数据真实度及可靠性进行充分的核实验证。

第 2 章　网格化管理体系概述

网格化管理体系实际是指管理中一种要素配置、信息联通、行为实施的系统化方式和机制，主要包括两个方面，即网格化供电和网格化管理，其中网格化供电是开展网格化管理的基础。

网格化管理实际是运用"大而化小，分而治之"的管理理念，将网格作为城市配电网管理的基本单元，通过清晰掌握网格内设备、资源、投资等情况，将规划与管理紧密结合，使规划、运行、营销等业务管理责任到人，从而实现问题的准确定位，业务的上下贯通，有效提升配电网建设、运营管理精细化、精益化水平。

2.1　网格化管理的核心理念

网格化管理的核心理念是以规划作为基础，从配电网建设源头提升精细化水平，围绕区域配电网建设目标实现及投资效益水平提升开展体系化管理工作，其核心理念可归纳为三点。

1. 传统规划向精细化规划转变

网格化规划充分应用"大而化小，分而治之"的网格化规划思路，通过现状问题精准定位、负荷空间预测、差异化规划原则指导等措施，制订精细化的规划方案，以此解决传统配电网规划深度不足、现状问题分析泛化、负荷预测偏重宏观、规划方案批量编制等，导致规划成果针对性不强、投资决策支撑度不足的问题。

2. 粗放投资向精准投资转变

网格化管理统筹考虑现状电网问题和目标网架建设需求，形成了"问题＋目标"双导向的规划思路，运用网格化方法细化、分解问题与目标，将精细化思路贯穿配电网建设各业务流程，以提升效率、效益为管理目标，优化规划方案、投资时序、业务流程等，从规划源头避免投资效益不佳、甚至投资浪费等问题的发生。

3. 传统管理向精细化管理转变

配电网规模庞大，业务层级点多面广，传统管理模式存在多头管理、口径不一等问题，各专业间缺乏统一的管理平台。网格化管理将网格作为管理单元，将精细化规划作为管理基础，可逐步实现规划、建设、运维、营销等业务的全过程控制，细化业务流程，明确各专业部门职责，固化管理人员，促进多业务协同，显著提升配电网建设改造和运营管理的针对性和有效性。

2.2　网格化管理的主要优势

网格化管理的主要优势可归纳为精细化、动态化、责任化、综合化、信息化五个方面，具体如下。

1. 精细化

以网格为单位，对复杂问题进行细化分解，明确各管理环节关键控制点，构建合理、高效、持续改进的业务流程，使责权部门对管理工作了如指掌，充分体现现代化管理中的精细化理念。

2. 动态化

供电网格有效分解了配电网的复杂程度，使得任意网格中出现变量时，均可被迅速发现、处理、反馈、校核，有效提升了管理工作的主动性及灵活性，亦进一步提升了管理工作的针对性及时效性。

3. 责任化

以网格为单元，可将管理责任逐层分解，为"责任到人"提供实现基础，避免管理真空或交叉管理问题出现。

4. 综合化

可有效整合各类资源，以网格为单位，实现配置策略综合最优的管理目标，避免人财物资源的重复投入，实现单一管理向综合管理的转变。

5. 信息化

能够形成以网格为单位的数据管理体系，将庞杂的配电网数据群进行合理化梳理，为信息化管理平台构建及透明电网建设目标的实现提供支撑。

2.3 网格化管理的基本原则

技术层面上，网格划分是将一个复杂的实体模型分解成若干个简单的实体模型，而这些简单模型间又存在着相互影响、相互制约的关联关系。一般情况下，网格划分越细致，其规划、管理成果越精准，因此对配电网来说，"网格"是实现精细化管理的一种有效技术手段。

管理层面上，网格划分为精细化管理、业务全流程管控、"责任到人"等管理目标的达成提供了保障，推动传统管理方式逐步向分层分区等更为现代化的方式转变。具体来说，基于网格化的管理工作在开展过程中应遵循如下三点原则。

1. 以精细化管理目标为导向

网格化管理体系应当充分服务于配电网发展建设目标，管理体系的构建、业务流程的梳理、管理节点的设置等，均应从区域配电网的实际建设需求出发，以精细化管理目标为导向，确保管理体系具有充分的合理性及适应性。

2. 以构建平台化体系为定位

供电网格划分是实现精细化管理的有效手段，同时也为管理工作的整合、贯通提供了基础。因此网格化管理体系的构建应充分发挥平台化思维，化整为零，将管理目标及流程进行优化整合，运用更为长远及更具高度的眼光构建管理体系的顶层设计方案。

3. 以业务信息化为实现手段

就配电网管理工作的复杂程度而言，业务流程信息化是确保管理成果实现精细化目标的重要手段，只有充分发挥信息化管理系统高效、便捷、可靠、灵活的特征，才可确保精准化管理目标的顺利实现。

2.4　网格化管理体系的基本框架

配电网网格化管理体系实际上是由技术理论研究与业务管理流程等多项内容综合而成的，并非单纯仅包含有管理相关内容。根据不同的功能定位及支撑作用，管理体系的基本框架可大致分为三个部分，分别为技术理论研究、管理业务优化，以及信息支撑系统。其中，技术理论研究主要包含网格分层模型构建、划分原则编制等内容；管理业务优化则主要包含规划运维协同、分层分区管理等；而信息支撑系统则以网格化信息平台及调度、生产等相关信息系统的构建与应用为主，其具体架构如图 2-1 所示。

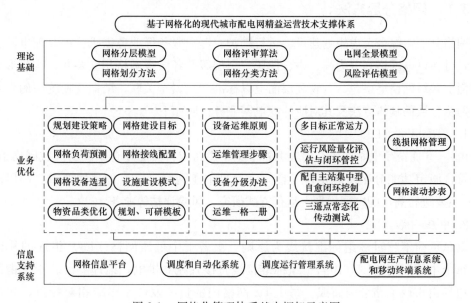

图 2-1　网格化管理体系基本框架示意图

第二篇　城市配电网网格化规划体系介绍

第3章　配电网供电网格划分方法

供电网格划分方法是构建配电网精细化管理体系的基础，该方法将贯穿于整个网格化规划及管理流程，是指导和规范体系构建的关键技术理论，主要包含网格分层方法、网格划分方法、网格划分方案评价方法。

3.1　网格分层方法

网格分层需综合考虑规划建设、运行维护、客户服务等业务需求。结合配电网实际特征，可将供电网格划分为高、中、低压三个层级，各层级网格相互关联，构建形成地理层面上各级网格层层包含，物理层面上以标准接线紧密关联，结构清晰统一的管理主体。网格分层的具体方法及其对应的配电网业务说明如下。

1. 高压网格（L1）

由3～5座源变电站构成，边界由若干主干道路或自然屏障合围成的区域网格组成，其应符合城市功能分区发展定位，且同时满足中压网格（L2）的接线要求。高压网格（L1）主要进行高压配电网规划、运行方式研究、风险评估等业务。

2. 中压网格（L2）

以总负荷不超过3组标准接线为原则，由若干个低压网格（L3）组成的片区网格，每个中压网格（L2）由若干组标准接线直接且独立供电，地理上由若干个街区组成，边界由市政道路合围而成。每个L2网格内的负荷发展水平应相对接近，如负荷饱和、负荷快速发展和负荷发展不确定等。中压网格（L2）主要开展中压配电网规划、网格项目库构建、设备运维抢修、分线线损管理、中压配电网自动化自愈、供电可靠性管理等业务。

3. 低压网格（L3）

以低压线路供电范围为参照，由一个或多个低压台区构成的低压配电网区域。低压网格（L3）主要开展低压配电网规划、低压可靠性管理、抄表管理、分台区线损管理、电费回收抄核管理等业务。

建立以网格为基本单元的管理体系，可实现各类业务网格层级的统筹管理，有效打通专业壁垒，实现各类资源的综合利用及业务管理的综合优化。

L1～L3 网格分层体系示意图如图 3-1 所示。

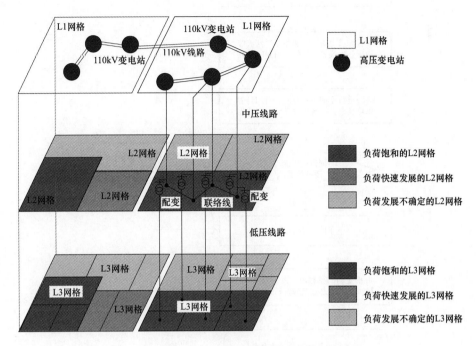

图 3-1　网格分层体系示意图

3.2　网格划分方法

遵循自下而上、上下结合的划分思路，按照"先划 L3 网格、再划 L1 网格、最后划分 L2 网格"的顺序，合理划分各层网格，其具体划分方法说明如下。

（1）依据配电网建设改造项目或业扩报装建设的低压配变台区，划分 L3 网格；

（2）依据城市总体规划、功能区定位、行政区划，结合交通主干道、河流、铁路等地理分界或自然屏障，初步划分 L1 网格边界；

（3）对 L1 网格内的 L3 网格逐一开展空间负荷预测工作，同时测算 L1 网格的供电能力，将 L3 网格负荷预测结果与 L1 网格供电能力进行比较，通过逐一调整 L1 网格及相邻 L1 网格边界的方式，使 L1 网格的供电能力满足 L3 网格的负荷需求；

（4）对不能调整负荷的 L1 网格，提出相应的电源建设或变电站出线需求；

（5）在确定 L1 网格的基础之上，按 L2 网格内总负荷不超过 3 组标准中压接线容量的划分原则，将该 L1 层网格内的若干个 L3 网格组合形成一个 L2 网格。L2 网格应根据区域控制性详规，按照单一功能最小化的原则（以地块为最小划分单位）进行划分。

网格划分具体方法及步骤如图 3-2 所示。

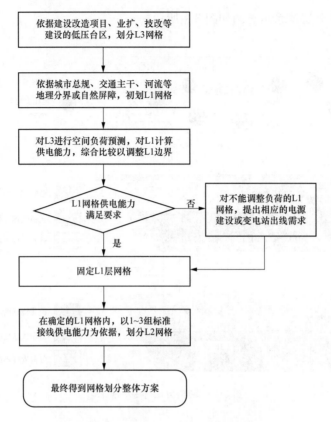

图 3-2　网格划分基本步骤示意图

3.3　网格划分方案评价方法

为了确保网格划分的标准及划分结果保持一致，同时提高网格化成果应用的效率，可通过构建评价指标体系的方式，对网格划分结果进行评价。其具体步骤说明如下。

（1）对已完成的网格划分方案进行初步的数据准确性审查；

（2）依据 L1～L3 网格划分标准，对已完成的网格划分方案进行规范性审查；

（3）以变电站负载均衡度、运行经济性、负荷发展适应性、供电可靠性等指标为评价维度，构建网格划分方案的综合评价指标体系；

（4）运用评价指标体系，对已完成的网格划分方案进行综合评价；

（5）对不满足规划原则、网格划分标准、配电网建设目标等要求的网格，进行重新调整与优化，确保最终划分结果能够满足配电网安全可靠供电及发展建设目标实现的相关要求。

网格划分方案评价指标体系的详细情况如图 3-3 所示。

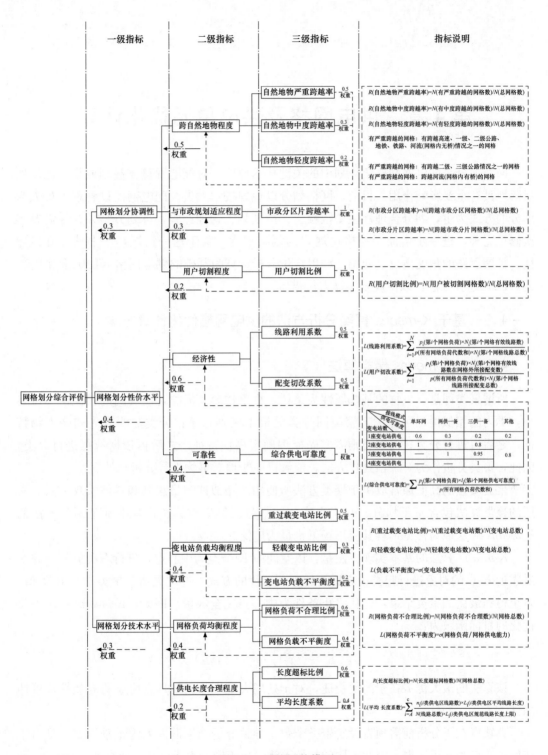

图 3-3 网格评价模型

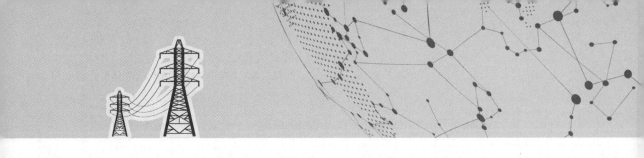

第 4 章　供电网格及供电单元优化计算

网格划分是配电网网格化规划中的关键技术环节，对配电网整体规划成果及规划项目落地具有重要影响作用。目前，网格划分以规划技术人员及配电网建设管理人员人为划分的方式为主，划分合理性主要依赖于人员规划、管理经验，且划分结果往往需要多次修正完善，进一步增加了网格化规划的复杂程度。基于这一情况，本书从提升指导性、扩展思路的角度出发，介绍一种以定量分析计算为基础的供电网格（L1）及供电单元（L2）划分方法，以供规划实操人员借鉴。

4.1　基于 *K-means* 聚类分析方法的供电网格优化计算方法

4.1.1　*K-means* 聚类算法

所谓聚类即是以事物的某些属性为条件，将事物聚集成类，使类间的相似性尽可能小，类内的相似性尽可能大。聚类同分类的根本区别在于：分类需要事先知晓事物特征，之后再进行分类；而聚类则需率先梳理确定事物特征，之后再依据特征进行分类。因此，聚类分析作为一种预处理方法，能够进一步地对事物进行分析与处理。

聚类质量的高低通常取决于聚类方法所使用的相似性测量法则和具体实现方式。常用的聚类算法包含基于划分、基于密度、基于分层等聚类算法，其中基于划分方法的 *K-means* 算法最为常见，且其应用场景也最为广泛。

K-means 算法的基本实现方法是：以空间中 K 个点为中心点，进行聚类分析，并对最靠近 K 点的对象进行归类；之后通过不断迭代的方式，逐次更新各聚类中心 K 的值，直至得到最优的聚类结果，迭代终止条件为中心点完全收敛。因此，*K-means* 算法需要优化的目标函数为：

$$J_{K\text{-}means} = \sum_{k=1,\,\forall Z_p \in C_s}^{K} d^2(Z_p, m_k)$$

该算法的最大优势在于简便快捷，对于处理大规模数据集具有明显的高效性及可伸缩性。

其缺点在于分析前需预先设定聚类个数，导致分析结果混入人为干预因素，且由于初始中心点为随机选取，因此不同的初始点将导出不同的聚类结果，这使得 *K-means* 聚类方法分析结果的稳定性有待进一步提升。

4.1.2　*K-means* 聚类算法的改进研究

为了优化初始中心点选取及聚类数目 K 选择的问题，可考虑通过引入界间距、圆形等效半径等概念，对聚类方法进行改进。其具体改进方式说明如下。

1. 初始中心点的选取

可以考虑通过引入样本平均间距的概念来体现数据的分布情况，这样即可确保初始中心点的选取尽可能趋向于数据比较密集的区间范围。

由于每个变电站均可以在二维平面上以一组坐标表示，所以在已知供电网格数量 K 的情况下，可人为设置一组坐标作为初始聚类中心点的取值。

2. 最佳供电网格划分数 K 的选择

可采用 BWP（Between-Within-Proportion）指标与均衡性指标 β 叠加的方式，确定最佳供电网格划分数 K。其中，BWP 指标是一种基于数据样本的几何结构来判断聚类结果有效性的指标，其指标越高代表聚类结果越好；而均衡性指标 β 为计算聚类结果合理性的指标，其指标值越小，则网格划分的均衡性水平越高。

网格划分过程须考虑变电站供电范围这一影响因素，因此网格划分问题实际是由平面点划分转化为了面积域划分问题。*K-means* 算法优化过程中为了便于实现供电网格的划分，则考虑将变电站的供电范围近似等效为圆。

（1）变电站等效圆形供电半径。

供电半径是指从变电站开始至其最远端负荷点之间的线路距离，*K-means* 聚类算法优化过程中近似认为变电站供电半径所指代的即是等效圆形供电范围的半径，并将其称之为等效圆形供电半径。

实际运行过程中变电站供电范围内的负荷密度通常为非均匀分布状况，因此需率先确定变电站等效圆形供电半径计算方法，其具体说明如下。

以图 4-1 变电站等效圆形供电范围被分为三个部分的情况作为样例可知，圆形内各个部分均是由圆弧和弦合围的部分所组成（如圆弧 AB 和弦 $\overline{AB}$ 包围的部分），或两条边界和圆弧合围而成（如边界 $\overline{PB}$、$\overline{PC}$ 和圆弧 BC 包围的部分）。

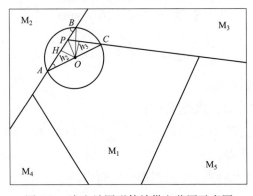

图 4-1　变电站圆形等效供电范围示意图

对于圆弧和弦包围部分的面积，以边界$\overline{AB}$和圆弧AB包围的部分举例说明其面积计算方法如下：

$$\begin{cases} \cos\beta = \dfrac{h_2}{r'} \\ S_2 = \beta(r')^2 - \dfrac{1}{2}(r')^2\sin2\beta \end{cases}$$

式中　β——$\angle OAH$ 的弧度值；

　　　h_2——线段$\overline{OH}$的长度；

　　　r'——等效圆形供电范围的计算半径；

　　　S_2——边界$\overline{AB}$和圆弧AB包围的部分面积。

对于两条边界和圆弧包围部分的面积，以边界$\overline{PB}$、$\overline{PC}$和圆弧BC包围的部分举例说明面积计算方法如下：

一条边界与圆形供电范围的交点为A、B，另一条边界与圆形供电范围的交点为C，边界与边界之间的交点为P。已知的数据量有$\overline{OP}$的长度（变电站位置到边界交点的距离，记为d），$\overline{OC}$、$\overline{OB}$的长度（变电站等效圆形供电范围的计算半径r'），h_3（圆心到边界$\overline{PC}$的距离），$\angle BPC$ 的弧度值（边界线的夹角，记为θ）。则有下式成立：

$$\begin{cases} \theta_1 = \arcsin\left(\dfrac{h_3}{d}\right) \\ \cos(\theta_1+\theta) = \dfrac{d_1^2+d^2-(r')^2}{2d \times d_1} \\ \cos\theta_2 = \dfrac{d_2^2+d^2-(r')^2}{2d \times d_2} \end{cases}$$

式中　θ_1——$\angle OPC$ 的弧度值；

　d_1、d_2——分别为线段$\overline{PB}$、$\overline{PC}$的长度。

则三角形面积$S_{\triangle OPB}$、$S_{\triangle OPC}$和扇形面积$S_{\triangle OBC}$的计算公式如下：

$$S_{\triangle OPB} = \frac{1}{2}d \times d_1 \times \sin(\theta_1+\theta)$$

$$S_{\triangle OPC} = \frac{1}{2}d \times d_2 \times \sin\theta_1$$

$$S_{\triangle OBC} = \frac{1}{2}\theta_2 \times (r')^2$$

式中　θ_1——$\angle OPC$ 的弧度值；

　d_1、d_2——分别为线段$\overline{PB}$、$\overline{PC}$的长度；

　　　θ_2——$\angle POC$ 和$\angle POB$ 之差的弧度值，而$\angle POC$ 和$\angle POB$ 分别可在$\triangle POC$ 和$\triangle POB$ 中求得。

因此，边界$\overline{PB}$、$\overline{PC}$和圆弧BC包围部分的面积S_3为：

$$S_3 = S_{\triangle OPB} + S_{\triangle OBC} - S_{\triangle OPC}$$

在圆形等效供电范围内各类负荷密度水平供电网格所占面积求解的基础之上，即可得出等效圆形供电范围半径的近似解，其具体表达式为：

$$r = r'$$

$$s.t. \left| Q_{supply} \quad \sum_{i=1}^{j} M_i S_i(r') \right| \leqslant \delta$$

式中　Q_{supply}——变电站所供负荷容量；

j——变电站等效圆形供电范围内包含负荷密度的类数；

M_i——第 i 类负荷密度的数值；

$S_i(r')$——第 i 类负荷密度网格在等效圆形供电范围内的面积，为 r' 的函数；

δ——允许误差值。

变电站圆形等效供电半径的计算主要分为以下两步：

第一步为确定圆形等效供电半径的区间。通过对变电站周边大致范围内的供电负荷进行计算，可得到两个等效供电圆形，这两个圆形之间某一个圆（三个圆同心）的用电负荷刚好满足该变电站的供电能力，即两个圆的半径为 $h_1 < h_2$，而对应的负荷为 $Q_1 < Q_{supply} < Q_2$。

第二步为使用二分法寻求满足误差要求的圆形等效供电半径。二分法是一种通过将区间一分为二来寻找零点的数学方法，即先确定区间为 $[h_1, h_2]$、$[Q_1, Q_2]$，目的为寻找使该供电站负荷满足一定误差时的供电半径 r'，其公式为

$$Q_{supply} - \sum_{i=1}^{j} M_i S_i(r') = 0$$

通过对两个边界 h_1 和 h_2 的选择，使用二分法便可以求出等效供电半径 r'。

（2）变电站界间距。

配电网规划建设过程中变电站站间是否互联与变电站间的地理距离和各自的供电范围等均有紧密的关联关系，因此变电站圆形等效供电范围的确定，能够为变电站间互联与否提供量化判断依据。

变电站界间距是指假定两座变电站供电范围为圆形，其供电范围近侧圆弧之间相离程度的大小。假设某平面建设有两座变电站，其编号分别为 i 和 j，其坐标分别为 (X_i, Y_i) 和 (X_j, Y_j)，等效圆形供电半径分别为 r_i 和 r_j，则两者之间的欧氏（地理）距离 $d(i, j)$ 和界间距 $D(i, j)$ 间的关系如下所示：

$$D(i,j) = d(i,j) - r_i - r_j = \sqrt{(x_i - x_j)^2 + (y_i - y_j)^2} - r_i - r_j$$

由上式可知，界间距 $D(i, j)$ 的取值可能存在三种情况：$D(i,j) > 0$；$D(i,j) = 0$；$D(i,j) < 0$。不同取值情况下的变电站界间距示意如图 4-2 所示。

当 $D(i,j) > 0$ 时，则表示两座变电站供电范围没有交集，说明两座变电站不存在共带负荷的情况，且 $D(i,j)$ 越大，则两座变电站建立联络关系的可能性越小；当 $D(i,j) \leqslant 0$ 时，则表示两座变电站的供电范围有交集，说明两座变电站可能存在共同接带负荷的情况，且 $D(i,j)$ 越小，两座变电站间建立联络的可能性越大。同样，在变电站界间距定义

的基础上，还可进一步定义变电站和负荷点之间的距离为点边距，其计算方式如下所示：

$$D(i,z) = \sqrt{(x_i - x_z)^2 + (y_i - y_z)^2} - r_i$$

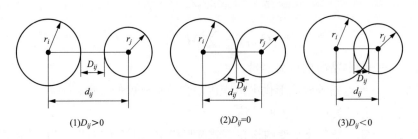

(1)$D_{ij} > 0$ (2)$D_{ij} = 0$ (3)$D_{ij} < 0$

图 4-2　变电站界间距示意图

式中 (x_i, y_i) 和 (x_z, y_z) 分别为变电站和点的坐标，r_i 为变电站等效供电半径。

4.1.3　基于改进的 *K-means* 聚类算法的供电网格（L1）划分过程

1. 供电网格初始聚类中心形成

在已知供电网格划分数量 K 的基础之上，首先生成一组供电网格初始聚类中心的位置集合。每个变电站都可以用二维平面上的一个点表示，每一个点均存在 (x, y) 坐标。结合变电站的实际地理位置，以变电站界间距的计算结果为依据，筛选出最可能存在于同一供电网格内的变电站，以其界间距的中心点作为网格聚类中心的初始位置，迭代过程中利用每次迭代各供电网格中变电站的不同，在初始位置的基础上进行搜索，找到最终合理的位置值。其具体步骤如下：

第一步，将供电区域内的变电站编号为 1，2，…，n，计算任意两座变电站间的界间距，记为 $D(i, j)$，并计算所有界间距的平均值 $mean$，如下式所述：

$$mean = \frac{\sum_{i=1}^{n} \sum_{j=1}^{n} D(i,j)}{A_n^2}$$

式中　A_n^2——从 n 个不同变电站中任意取 2 座变电站所有可能的排列组合数目。

第二步，对所有界间距依据由小到大的顺序进行排序，存入向量 **D** 中，将最小的界间距对应的中心点作为第一个初始聚类中心，其坐标计算方法如下：

$$z = \text{center}(x_{i,j}, y_{i,j}) = \left[\frac{x_i + x_j + (x_j - x_i) \times \frac{r_i - r_j}{d_{i,j}}}{2}, \frac{y_i + y_j + (y_j - y_i) \times \frac{r_i - r_j}{d_{i,j}}}{2} \right]$$

式中　$\text{center}(x_{i,j}, y_{i,j})$——变电站 i 和变电站 j 的界间距的中心点坐标。

第三步，计算出变电站次小界间距所对应的中心点坐标，同时计算其与前述公式已确定的初始聚类中心的距离，并与界间距的平均值 mean 进行比较，若其与先前已有初始聚类中心的聚类均大于等于 mean，则将该界间距对应的中心点作为下一个初始聚类中心；否则，重复第三步计算。

第四步，当初始聚类中心的个数没有达到 K 个，而所有界间距却又全部完成判断时，则动态缩小界间距平均值，并清空第三步确定的初始聚类中心，重复第三步操作。

第五步，当初始聚类中心的个数达到 K 时，则认为初始聚类中心完全形成，待迭代后求得最终的聚类结果即可。

2. 最佳供电网格数量 K 确定

第一步，确定网格数量的搜索范围 $[K_{min}, K_{max}]$，由于供电网格的划分数量至少应大于等于 2 个网格，因此供电网格划分数量的左阈值 K_{min} 即 2；同时如前文所述，计算样例选取 3 座变电站互联为供电网格内变电站的平均情况，因此供电网格划分数量的右阈值 K_{max} 取 $int(n/3)$，其中 n 为整个供电区域变电站的总数，$int()$ 则表示取整。

第二步，令 $k=K_{min}$，调用 $K\text{-}means$ 算法程序，计算当前 k 值下的平均 BWP 指标值，BWP 指标为第 i 个供电网格中的第 j 座变电站的类内划分指标，计算公式如下：

$$\text{BWP} = \frac{bsw(i,j)}{baw(i,j)} = \frac{\min\limits_{1\leqslant l\leqslant C, l\neq i}\left[\frac{1}{n_1}\sum_{p=1}^{n_i}D(x_p^{(l)},x_j^{(i)})\right] - \frac{1}{n_i-1}\sum_{q=1,q\neq j}^{n_i}D'(x_q^{(i)},x_j^i)}{\min\limits_{1\leqslant l\leqslant C, l\neq i}\left[\frac{1}{n_1}\sum_{p=1}^{n_i}D(x_p^{(l)},x_j^{(i)})\right] + \frac{1}{n_i-1}\sum_{q=1,q\neq j}^{n_i}D'(x_q^{(i)},x_j^i)}$$

式中 $bsw(i,j)$——第 i 个供电网格中的第 j 座变电站的聚类离差界间距，即该变电站最小网格界间距 $b(i,j)$ 与网格内界间距 $w(i,j)$ 之差；

$baw(i,j)$——第 i 个供电网格中的第 j 座变电站的聚类界间距，即该变电站最小网格间界间距 $b(i,j)$ 与网格内界间距 $w(i,j)$ 之和。

其中，第 i 个供电网格中的第 j 座变电站的最小网格间界间距 $b(i,j)$ 为该变电站到其他每个供电网格中变电站平均界间距的最小值，$b(i,j) = \min\limits_{1\leqslant l\leqslant C, l\neq i}\left[\frac{1}{n_1}\sum_{p=1}^{n_i}D(x_p^{(l)},x_j^{(i)})\right]$。第 i 个供电网格中的第 j 座变电站的网格内界间距 $w(i,j)$ 为该变电站到第 i 个网格中其他所有变电站界间距折算值的平均值；$w(i,j) = \frac{1}{n_i-1}\sum_{q=1,q\neq j}^{n_i}D'(x_q^{(i)},x_j^{(i)})$ 需说明的是，根据变电站界间距的定义和计算方法，供电网格内的变电站界间距计算值有正有负，为了提高供电网格划分的有效性，在计算网格内界间距 $w(i,j)$ 时需要引入折算因子 ε 将变电站界间距折算成非负值 $D'(x_q^{(i)},x_j^{(i)})$，且 ε 的具体表述公式为：

$$D'(x_q^{(i)},x_j^{(i)}) = \varepsilon \times |D(x_q^{(i)},x_j^{(i)})|$$

$$\varepsilon = \begin{cases} 1, & D(x_q^{(i)},x_j^{(i)}) \geqslant 0 \\ \dfrac{r_q^{(i)}+r_j^{(i)}-|D(x_q^{(i)},x_j^{(i)})|}{r_q^{(i)}+r_j^{(i)}+|D(x_q^{(i)},x_j^{(i)})|}, & D(x_q^{(i)},x_j^{(i)}) < 0 \end{cases}$$

式中 $r_j^{(i)}$、$r_q^{(i)}$——分别为第 i 个供电网格中第 j 座变电站和第 q 座变电站的圆形等效供电半径。

第三步，令 $k=k+1$，若 k 不超过右阈值 K_{max}，则重复第二步，否则跳至第四步。

第四步，根据平均 BWP 指标值的比较结果选取较好的几种网格划分方案。

第五步，计算第四步中各方案的供电网格划分均衡性水平指标 β，在此基础上确定供电网格划分的最佳数量。均衡性水平指标 β 的计算公式如下：

$$\beta(k) = \sqrt{\frac{1}{k} \sum_{i=1}^{k} \left(n_i - \frac{n}{k}\right)^2}$$

式中　n_i——第 i 个供电网格中变电站的数目。

需说明的是，该指标为成本型指标，即指标取值越小，供电网格的均衡性水平越高。

4.2　基于旋转中心线计算模型的供电单元（L2）优化计算方法

供电单元划分是在考虑行政区属、地形地貌和负荷空间分布等多种因素的基础之上，按照标准接线所确定的线路回数，将变电站内或变电站间的一定数量的相邻地块进行组合而形成的供电区域。

为了便于说明，将组成供电单元（L2）的若干相邻区块命名为"馈线区块"，即在同一变电站供电范围内，考虑道路河流、空间负荷分布与特性互补等多种因素，由最大负荷不超过某类标准接线下 10kV 馈线（组）所带负荷的用电小区所组成的区域，即 10kV 馈线（组）的供电范围。由此可见，供电单元（L2）是基于标准接线模式、由一定数量的馈线区块组合而成的区域。

考虑负荷特性互补的供电单元（L2）划分方法需要解决两个技术问题，一是用于度量馈线区块和供电单元划分优劣的评判指标；二是利用评判结果及线路供电范围划分特点的馈线区块和供电单元划分算法。考虑供电单元划分的配电网网架规划整体框架如图 4-3 所示。

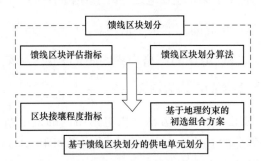

图 4-3　考虑供电单元划分的配电网网架规划整体框架

4.2.1　馈线区块划分方法

1. 考虑负荷特性互补的馈线区块划分评估指标

对馈线区块划分方案的评估是以各馈线区块的整体负荷特性最优作为评估标准来加以衡量的。出于对各区块规模相近程度的考虑，为避免出现各区块负荷分布不均的问题，提出利用日最大负荷指标构建区块最大负荷均衡度指标 LB 的方法；出于对各线路年设备利用效率提升的考虑，提出利用日负荷率指标构建区块平均日负荷率指标 LF 的方法；出于对缓解高峰负荷紧张的考虑，提出利用峰谷差率构建区块平均峰谷差率 PVR 指标的方法。其具体算法如下详述。

$$LB = \frac{1}{N_{step}} \sum_{i=1}^{N_{step}} \frac{ml_i}{ml_{max}}$$

$$LF = \frac{1}{N_{step}} \sum_{i=1}^{N_{step}} lf_i$$

$$PVP = \frac{1}{N_{step}} \sum_{i=1}^{N_{step}} (1 - pvr_i)$$

式中　N_{step}——馈线区块个数；

　　　ml_i——第 i 个馈线区块的最大负荷；

　　　ml_{max}——各馈线区块最大负荷中数值最大的一个数；

　　　lf_i——第 i 个馈线区块的日负荷率；

　　　pvr_i——第 i 个馈线区块的日峰谷差率。

LB 取值为 $0\sim1$ 之间，当各馈线区块的最大负荷相同时 LB 指标取值为 1，表示各馈线区块的最大负荷均衡度最高；LF 取值为 $0\sim1$ 之间，当各馈线区块的日负荷率为 1 时，LF 标取值为 1，表示各馈线区块的平均日负荷率最大；PVP 取值为 $0\sim1$ 之间，当各馈线区块的峰谷差为 0 时 PVP 指标取值为 1，表示各馈线区块的平均峰谷差最小。

将上述三个指标组合，可得到馈线区块划分的综合评估指标 F_{feeder}，指标取值在 $0\sim1$ 之间，为正指标，计算公式如下所示：

$$F_{feeder} = \alpha LB + \beta LF + \gamma PVP$$

α、β、γ 为三个指标的权重，权重之和为 1，根据不同电网区域对于不同指标的重视程度确定具体数值。

2. 馈线区块划分的旋转中心线距离加权交替定位算法

变电站供电范围划分的实质是以若干点（变电站位置）为核心的空间划分，划分结果通常为类圆形区域；中压线路供电范围划分的实质则是，在类圆形区域中以核心点向边缘辐射的若干线路为核心的空间划分，划分结果应为类扇形区域。结合线路供电范围划分问题的特点，本书介绍一种计算分析方法，在计及区块均衡和负荷特性影响两项加权因子的同时，通过设置多组初始中心线的方式得到不同划分方案，通过横向比较寻优来确定最优划分方案，最终形成旋转中心线距离加权交替定位算法。其示意图如图 4-4 所示。

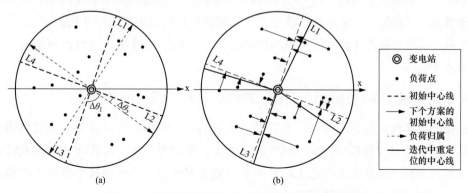

图 4-4　旋转中心线距离加权交替定位算法示意图

该算法在馈线区块划分中主要通过不断更新加权因子和中心线角度的方式，进行分析计算，其具体流程详述如下。

步骤 1：确定多组初始中心线。上图 4-4（a）为变电站供电范围的初始状态，每组初始中心线中，N_{feeder} 初始虚拟中心线按均等角度 $\Delta\theta_1$ 分布；依次绕中心顺时针旋转角度 $\Delta\theta_2$ 可得到多组不同初始中心线。

步骤 2：令考虑区块峰值大小均等的加权因子 ω_{1i} 和考虑区块峰谷差大小的加权因子 ω_{2ij} 初始值为 1，根据欧氏距离确定初始负荷归属中心线，并根据中心线所归属的负荷位置进行角度重定位。

步骤 3：每次交替定位中，根据各区块总负荷的最大负荷以及峰谷差更新加权系数因子 ω_{1i} 和 ω_{2ij}，加权距离公式见如下详述，各负荷根据加权距离最近确定归属中心线，之后各中心线进行角度重定位。

$$\alpha_i = a\tan2\left(\sum_{j \in F_i}\Delta x_j, \sum_{j \in F_i}\Delta y_j\right)$$

$$l_{ij} = l_{ij}' w_{1i} w_{2ij}$$

$$w_{1i} = \left(\frac{\sum P_i}{\sum P_i - P_i}\right)^k$$

$$w_{2ij} = \left[\frac{\sum_i \varepsilon_{ij}}{\sum_i \varepsilon_{ij} - \varepsilon_{ij}}\right]^k$$

式中　　l_{ij}' 和 l_{ij}——分别表示负荷点 j 到虚拟中心线 i 的垂直距离和加权距离；

　　　　P_i——虚拟中心线 i 所在的区块 i 的峰值负荷，当 P_i 值越大时，则加权因子 ω_{1i} 的值也越大，各负荷点到虚拟中心线 i 的加权距离变大；若负荷点 j 原本不属于虚拟中心线 i 所在的区块，ε_{ij} 表示虚拟中心线 i 所在的区块增加负荷点 j 后的区块峰谷差，否则 ε_{ij} 表示虚拟中心线 i 所在区块的峰谷差，当区块 i 加入负荷点 j 不利于改善区块峰谷差，ε_{ij} 值会越大，加权因子 ω_{2ij} 值也越大；

　　　　k——加权因子的加权放大系数；

$a\tan2(x, y)$ 函数——指向 (x, y) 的射线与 x 轴正方向之间的角度，取值区间在 $(-\pi, \pi]$。

步骤 4：判断是否满足迭代次数要求，是则停止迭代，否则继续迭代。

步骤 5：判断是否计算完所有组初始中心线，是则结束算法，否则返回步骤 2 计算下一组方案。

4.2.2　基于区块接壤程度指标的供电单元（L2）划分方法

依据上述馈线区块划分方法，可以取得多组结果。由于边界重合度高的区块组合而成的供电单元，其线路规划方案寻优的空间更大，亦更有利于经济性优选，因此将各站间供电单元的两个区块在供电范围边界的平均重合程度定义为区块接壤程度，记作评价指标 F_{unit}，其具体计算公式如下所示：

$$F_{unit} = \sum_{i=1}^{N_{unit}} bor_i$$

$$bor_i = \frac{sec_{i,1} \bigcap sec_{i,2}}{sec_{i,1} \bigcup sec_{i,2}}$$

式中　　N_{unit}——站间供电单元的划分数量；

bor_i——第 i 个供电单元的两个馈线区块在边界的重合程度；

$sec_{i,1}$ 和 $sec_{i,2}$——分别表示第 i 个供电单元的各馈线区块在所在变电站区域的边界线段。

以图 4-5 为例，若供电单元由馈线区块 A 和 B 组成，其中 A_2、A_1 为馈线区块 A 在所在变电站供电范围的边界线长度，B_2、B_1 为馈线区块 B 在所在变电站供电范围的边界线长度，则馈线区块边界重合程度表达式如下所示：

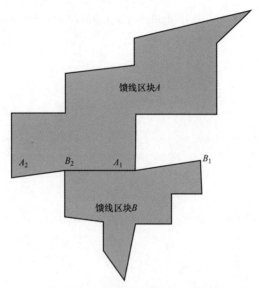

图 4-5　供电单元的馈线区块边界重合程度示意图

$$bor_i = \frac{B_2 A_1}{A_2 B_1}$$

中压线路一般是基于交通道路来布线的，当两个馈线区块重合度越高时，则重合区域包含有的道路节点可能越多，即进一步意味着馈线区块内的可选布线方案越丰富，也即寻优空间越大；反之，边界重合度越低，则寻优空间越小。

以图 4-6 为例，变电站 S1 的馈线区块 1A 和 1B 均与变电站 S2 的馈线区块 2A 在地理范围上存在接壤，点 a 和 b 代表变电站边界的两个街道节点，如果区块 1A 和 2A 组成一个供电单元，边界重合度高，则可以有点 a、点 b 两个节点用于主干线走线方案编制，寻优空间较大；如果是区块 1B 和 2A 组成供电单元，则仅有点 b 可用于主干线方案编制。

综上所述，本书结合目前国内配电网网格化规划的相关先进经验及研究成果，向读者介绍了一种基于 $K-means$ 聚类算法以及旋转中心线计算模型的供电网格（L1）、供电单元（L2）划分优化方法，通过定量评价的方式，提升网格划分的合理性水平，可供读者参考借鉴。

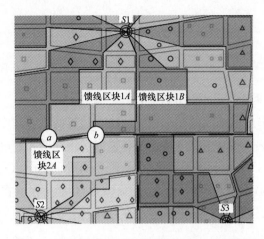

图 4-6   不同供电单元的寻优空间对比的示意图

第5章 基于网格化的现状配电网诊断分析

基于网格化的配电网诊断分析是在现状电网的基础之上，运用科学的统计分析方法和定量计算手段，以供电网格为单位，对配电网进行系统性评价，了解供电网格现状电网的特点、建设水平和存在问题，以利于有针对性的开展网格化规划工作，合理编制建设改造项目库。

5.1 现状电网诊断分析的主要内容

5.1.1 地区电网概况

1. 术语和定义

（1）全社会用电量：指第一、二、三产业等所有用电领域的电能消耗总量，包括工业、农业、商业、居民、公共设施用电以及其他用电等。

（2）供电量：指发电厂、电力网等向电能受端供给的电量，包括输送及变配过程中损失的电量。

（3）售电量：指电力企业售给用户（包括趸售户）的电量以及供给本企业非电力生产、基本建设、大修和非生产部门（如食堂、宿舍）等所使用的电量。

（4）供电可靠率：统计期间内对用户有效供电时间总小时数与统计总时间的比值，用于评价电网向用户连续供电的能力。详细内容参考本书第1、2章。

（5）线损率：电力网络中损耗的电能与向电力网络供应电能的百分比，线损率是考核电力系统运行经济性的重要指标之一。

$$\text{线损率} = \frac{\text{线损电量}}{\text{供电量}} \times 100\% = \frac{\text{供电量} - \text{售电量}}{\text{供电量}} \times 100\%$$

（6）综合电压合格率：实际运行电压在允许电压偏差范围内累计运行时间与对应总运行统计时间的百分比。详细内容参考本书第18章节。

$$\text{综合电压合格率} = \left(1 - \frac{\text{电压超上限时间} + \text{电压超下限时间}}{\text{电压检测总时间}}\right) \times 100\%$$

2. 主要分析内容

地区电网概况主要分析内容包括供电面积、供电人口、最大负荷、全社会用电量、售电量、供电可靠率、综合线损率、综合电压合格率、户均配变容量等指标。详细内容如表5-1所示。

表 5-1 规划区概况信息表

供电面积 （km²）	供电人口 （万人）	最大负荷 （MW）	全社会用电量 （亿 kWh）	售电量 （亿 kWh）	供电可靠率 RS-3（%）

110kV 及以下综合 线损率（%）	10kV 及以下综合 线损率（%）	综合电压合格率 （%）	用户数（万户）	户均配变容量 （kVA/户）

（1）全社会用电量。

数据来源于营销部门及相关管理系统，统计口径为全年各行业用电量数据累加值，即：

全社会用电量＝一产电量＋二产电量＋三产电量＋居民生活电量；

全社会用电量＝供电量＋用户自发自用电量＋发电厂厂用电量（自发自用）。

（2）供电量。

数据来源于营销部门及相关管理系统，统计口径为全年数据累计值，即：供电量＝发电厂上网电量＋外购电量＋电网输入电量－电网输出电量。

其中发电厂上网电量是指本地区统调电厂（独立发电公司、直属电厂、地方电厂）记录的上网电量；电网输入电量是指从规划区外输入的电量；电网输出电量是指输送至省外其他电力企业的电量。供电量与售电量之间的逻辑关系为：供电量＝售电量＋线损电量。

（3）售电量。

数据来源于营销部门及相关管理系统，统计口径为全年数据累计值，其数据间逻辑关系为：售电量＝供电量－线损电量。

（4）线损的合理性。

线损指电能在输电、变电、配电和营销等各环节所产生的电能损耗和损失，分为技术线损和管理线损。其中技术线损为传输介质固有物理特性所产生的电能损耗；管理线损为计量、抄表、窃电及其他人为因素造成的电能损失。线损数据间的逻辑关系为：

110kV 及以下综合线损率＝（10kV 及以下线损＋35kV 及以上公网线损＋35kV 及以上用户线损）/（10kV 用户供电量＋35kV 及以上公网供电量＋35kV 及以上用户电量）×100%；

10kV 及以下综合线损率＝（10kV 及以下线损/10kV 用户供电量）×100%。

由于 35kV 及以上大用户的电量自电源出口端统计，线路损耗由用户承担，因此 10kV 及以下综合线损率一般应大于等于 110kV 及以下综合线损率。

（5）供电可靠率水平。

供电可靠性计算分析的目的是确定现状配电网的可靠性水平，分析影响供电可靠性的薄弱环节，供电可靠率需满足导则规定。具体判定指标如表 5-2 所示。

表 5-2 配电网理论供电可靠率建设目标

供电区域	供电可靠率（RS-3）
A+	用户年平均停电时间不高于 5min（≥99.999%）
A	用户年平均停电时间不高于 52min（≥99.990%）
B	用户年平均停电时间不高于 3 小时（≥99.965%）
C	用户年平均停电时间不高于 12 小时（≥99.863%）
D	用户年平均停电时间不高于 15 小时（≥99.830%）
E	不低于向社会承诺的指标

现状电网诊断分析过程中，影响供电可靠率提升的原因可主要从网架结构、设备水平、技术水平、管理水平四个方面进行分析。网架结构方面重点分析主干分段数、联络率、负荷转供能力等；设备健康水平方面分析设备类型、投运年限、建设环境等；技术水平方面分析自动化建设程度、新技术应用等；管理方面分析检修安排合理性等。

（6）综合电压合格率。

配电网规划要保证网络中各节点满足电压损失及其分配要求，各类用户受电电压质量应满足导则规定。其具体判定指标如表 5-3 所示。

表 5-3 配电网理论综合电压合格率控制目标

供电区域	综合电压合格率
A+	≥99.99%
A	≥99.97%
B	≥99.95%
C	≥99.79%
D	≥98.00%
E	不低于向社会承诺的指标

导致综合电压合格率较低的可能原因为负荷三相不平衡、变电站无功补偿容量不足（未安装）、线路过长造成终端电压偏低等。综合电压合格率的具体计算方法可详细参考本书第 18 章的内容。

5.1.2 高压网格（L1）诊断分析

1. 术语和定义

（1）出线间隔：变电站电力线路配出起始端须装设有断路器、隔离开关、电流互感器、电压互感器等元器件，这些电气元件须按设计要求合理排列并按施工要求安装、编号，安装区域即称之为出线间隔。

（2）主变 $N-1$：当一台主变压器因故障或计划退出运行时，其他主变压器（及下级 10kV 线路）通过调整运行模式，完全转带负荷，并且在用于转供的元件不出现负荷过载的情况下，保持电力系统的稳定运行和正常供电。

2. 负荷供应能力分析

高压网格变电站供电能力分析主要包括变电站座数、主变压器台数、容量规模、10kV 出线间隔利用率等内容；高压配电线路主要分析内容为线路负载率水平及 $N-1$ 通过率。具体内容如表 5-4、表 5-5 所示。

表 5-4　高压供电网格变电站情况分析表

高压供电网格	类型		现状年（2019 年）			
网格 1 名称及编号	电压等级（kV）		220	110	35	合计
	变电站座数（座）					
	主变压器台数（台）					
	变电容量（MVA）					
	满载变电站座数（座）					
	重载变电站座数（座）					
	轻载变电站座数（座）					
	主变压器不满足 $N-1$ 变电站（座）					
	10kV 出线间隔（个）	间隔总数				
		剩余间隔数				
⋮	⋮		⋮	⋮	⋮	⋮
合计	电压等级（kV）		220	110	35	合计
	变电站座数（座）					
	主变压器台数（台）					
	变电容量（MVA）					
	满载变电站座数（座）					
	重载变电站座数（座）					
	轻载变电站座数（座）					
	主变压器不满足 $N-1$ 变电站（座）					
	10kV 出线间隔（个）	间隔总数				
		剩余间隔数				

表 5-5　高压配电线路运行情况分析表

所属高压网格	电压等级（kV）	线路总数（回）	满载线路（回、%）		重载线路（回、%）		轻载线路（回、%）		不满足 $N-1$ 线路	
			数量	比例	数量	比例	数量	比例	数量	比例
合计		—								

（1）高压变电站负载率的计算方法为：

$$k_{\text{bfz}} = \frac{S_{\max} \times \cos\varphi}{S_{\text{e}}} \times 100\%$$

式中　k_{bfz}——高压变电站的负载率；

$S_{\max}$——变压器或变电站的实际最大负荷；

cosφ——主变压器或变电站负荷功率因数;

S_e——高压变电站的额定容量。

分析计算过程中应参考规划区度冬度夏数据,排除异常运行方式影响。

(2) 10kV出线间隔。

中压侧出线间隔及利用情况是反映变电站供电能力及潜力的重要指标之一,间隔利用率紧张的成因一般为:高压变电站布点不足,变电站间隔紧张的同时变电站负载也较重;变电站初建,中压线路配套送出,间隔利用率虽高,但变电站负载较轻,供电能力仍有裕度;供电区域中压专用线路配套送出较多。

(3) 主变压器$N-1$校验。

主变压器$N-1$校验计算公式为:

$$主变压器 N-1 通过率 = \frac{满足 N-1 运行要求的主变压器台数}{主变压器总台数} \times 100\%$$

单主变压器变电站考虑下级网络转带情况下,若负荷可全部转出,则能通过$N-1$校验,否则视为不能通过。

多主变压器变电站,当较大容量主变压器以高负载率水平运行时,若剩余主变压器负载率不超过100%,则能够通过$N-1$校验;若负载率超过100%,但2小时内通过下级网络转带后,运行负载率下降至100%及以下,则视为能够通过主变压器$N-1$校验。

3. 网架结构水平分析

网架结构是影响高压配电网供电安全性及可靠性水平的重要因素之一,其重点分析内容为对网格内高压配电线路典型接线水平的梳理。具体内容如表5-6所示。

表5-6 高压配电线路典型接线情况分析表

高压供电网格		110kV (35kV)		
		典型接线	非典型接线	合计
网格名称及编号	数量 (回)			
	比例 (%)			
...	...	...	...	...
合计	数量 (回)			

5.1.3 中压网格(L2)诊断分析

1. 术语和定义

(1) 10kV线路供电半径:指从高压变电站低压侧出线到其供电最远负荷点之间的线路长度。

(2) 10kV线路负载率:正常运行方式下10kV线路的最大电流与安全电流的比值。

(3) 10kV线路$N-1$校验:存在联络关系的线路同时处于最大负荷运行状态时,若某回线路出现故障或停运,其全部负荷可通过不超两次(含两次)转供电操作,转由其他线路供电,则该线路可通过$N-1$校验。

（4）电缆化率：电缆线路长度占线路总长度的百分比。

（5）架空绝缘化率：架空绝缘线路长度占架空线路长度的百分比。

（6）联络率：存在联络关系的 10kV 线路之和占线路总数的百分比。

（7）站间联络率：不同变电站之间存在联络关系的 10kV 线路之和占线路总数的百分比。

2. 主要分析内容

中压供电网格应从运行水平、网架结构、技术装备等多个层级重点分析网格内配电网的供电能力及可靠性水平，但在网格化规划方案的实际编制过程中，规划人员时常需要对网格内的设备信息及运行情况进行细致查阅，因此为便于工作开展，中压网格诊断分析一般分为基本信息与评估分析两部分内容。

首先分析各中压网格现状年配电网总体情况，从网架结构、设备水平、供电能力、转供能力等方面，结合相关指标进行分析说明；之后以线路为单位，对存在问题进行统计分析，给出中压配电网现状评估结果，并对存在的主要问题和薄弱环节以及问题形成的原因进行分析说明；最后应对网格内是否存在残旧设备的情况进行统计。具体内容如表 5-7～表 5-9 所示。

表 5-7　各中压供电网格 10kV 配电网基本信息表

供电网格	供电分区	线路回数（回）	线路长度		平均主干长度（km）	绝缘化率（%）	主干平均分段数（段）	标准接线比例（%）	联络率（%）	$N-1$ 通过率（%）	平均装接容量（kVA）	线路平均负载率（%）
			架空（km）	电缆（km）								
合计												

表 5-8　中压供电网格配电网评估分析表

序号	线路名称	变电站	供电区域	供电网格	评估分析结果								问题个数
					过载	重载	单辐射	非标接线	不满足 $N-1$	供电半径过长	装接容量超过 12MVA	主干导线截面不合格	

表 5-9　中压供电网格残旧设备及线路情况统计

中压供电网格	所属供电分区	中压残旧设备、线路		
		线路（km）	杆塔（基）	开关（个）

（1）中压线路平均主干长度。

中压线路平均主干长度的计算公式为：

$$中压线路平均主干长度 = \frac{中压线路主干长度合计}{中压线路回数}$$

分析主干长度的目的在于判断线路末端电压水平能否满足供电质量要求，一般情况下 A+、A 类供电区中压线路供电半径不宜超过 3km，B、C 类供电区不宜超过 6km，D

类供电区不宜超过 15km。

数据分析过程中应注意如下逻辑关系：线路总长度不小于主干长度；线路总长度不小于供电半径；线路总长度＝架空线路长度（绝缘＋裸导线）＋电缆线路长度。

（2）中压线路接线模式。

常见的中压线路接线模式如表 5-10 所示。

表 5-10　中压配电网标准接线模式

供电分区	过渡接线	目标接线
A＋类	电缆：2－1 单环网 两供一备	电缆：$N-1$ 单环网（$N=2$, 3） N 供一备（$N=2$, 3） 开关站式双环网
A 类	电缆：2－1 单环网 两供一备 架空：N 分段 n 联络（$N≤5$, $n≤3$）	电缆：$N-1$ 单环网（$N=2$, 3） N 供一备（$N=2$, 3） 开关站式双环网 架空：N 分段 n 联络（$N≤5$, $n≤3$）
B 类	电缆：单辐射 2－1 单环网 两供一备 架空：N 分段 n 联络（$N≤5$, $n≤3$）	电缆：$N-1$ 单环网（$N=2$, 3） N 供一备（$N=2$, 3） 独立环网式双环网 架空：N 分段 n 联络（$N≤5$, $n≤3$）
C 类	电缆：单辐射 2－1 单环网 两供一备 架空：单辐射 N 分段 n 联络（$N≤5$, $n≤3$）	电缆：$N-1$ 单环网（$N=2$, 3） N 供一备（$N=2$, 3） 架空：N 分段 n 联络（$N≤5$, $n≤3$）
D 类	架空：N 分段 n 联络（$N≤5$, $n≤3$） 单辐射	架空：N 分段 n 联络（$N≤5$, $n≤3$） 单辐射
E 类	架空：单辐射	架空：单辐射

（3）中压线路分段数。

中压线路分段数的计算公式为：中压线路分段数＝分段开关数（环网柜）＋1；中压线路平均分段数＝线路总分段数（中压线路分段数合计)/线路总回数。

（4）中压线路装接配电变压器容量

出于安全运行的考虑，一般单回中压线路配电变压器接装容量应小于 12MVA，若装接配电变压器容量偏大，且线路重载运行，则需尽快开展负荷切改工作；若线路负载合理，则现状仍可安全稳定运行，但需对线路负载水平进行密切观察。

（5）中压线路负载率。

中压线路负载率应结合接线模式进行分析，其负载水平应满足 $N-1$ 运行要求。

（6）中压线路 $N-1$ 校验。

存在联络关系的中压线路同时处于最大负荷运行状态时，若某回线路的变电站出线开关停运，其全部负荷可通过不超两次转供电操作，转由其他线路供电，则该线路可通过 $N-1$ 校验。

5.1.4 低压网格（L3）诊断分析

低压网格的诊断分析思路与中压网格相似，亦考虑从设备水平、运行情况等层面对现状低压配电网的建设情况及所存在问题进行分析。详细内容如表 5-11～表 5-13 所示。

表 5-11 低压网格配电变压器设备情况统计表

供电网格	所属 10kV 线路	公用配电变压器			专用配电变压器		总户数（户）	低电压台区		低电压户数	
		台数（台）	容量（MVA）	其中高损变（台）	台数（台）	容量（MVA）		台数（台）	比例（%）	户数（户）	比例（%）
合计											

表 5-12 低压网格配电变压器运行情况统计表

供电网格	类别	配变最高负载率		
		小于 20%	80%～100%	大于 100%
网格名称及编号	台数（台）			
	占公变总台数的百分比（%）			
	容量（kVA）			
	占公变总容量的百分比（%）			

表 5-13 低压供电网格 0.38kV 线路建设情况统计表

供电网格	总长度（km）	电缆线路长度（km）	架空线路长度（km）		智能电表	
			裸导线	绝缘线	数量（块）	比例（%）
合计						

5.2 网格星级评价

为了精准指导网格内配电网规划建设阶段性目标的达成，可在现状电网诊断分析的基础之上，进一步开展网格定级评价，为规划目标精益化管理以及供电网格"主人制"管理机制的构建奠定基础，实现网格关键指标"有人负责、有人跟踪"，进一步强化网格化规划成果在全生命周期关键业务管理工作中的应用，从而提升配电网精益化管理水平。

5.2.1 星级网格评级标准

星级网格是一种评价网格内配电网建设完成度的评价指标，可从"形式审查"和"技术审查"两个维度来评价中压网格的建成度水平，共分为未建成网格、三星网格、四星网格、五星网格四种标准，具体评价标准如表 5-14 所示。

表 5-14　星级网格评价标准

网格评级	评价标准	网格建设程度描述
五星网格	(1) 形式审查结论：通过； (2) 技术审查得分：总得分＝100	完全建成
四星网格	(1) 形式审查结论：通过； (2) 技术审查得分：91≤总得分＜100	总体建成
三星网格	(1) 形式审查结论：通过； (2) 技术审查得分：80≤总得分＜91	基本建成
未建成网格	(1) 形式审查结论：无要求； (2) 技术审查得分：总得分＜80	未建成

5.2.2　星级网格评价形式审查

形式审查侧重于网格边界、接线模式、智能化水平等维度，按照网格建成水平分为过渡网格评价标准及成熟网格评价标准。具体内容如表 5-15 所示。

表 5-15　星级网格形式审查标准

衡量维度	过渡网格评价标准	成熟网格评价标准	结论
1. 网格边界	在网格化信息系统中可以清楚标示出中压网格的边界	在网格化信息系统中可以清楚标示出中压网格的边界	
2. 网架接线模式	满足标准接线要求，按目标（过渡）网架形成标准接线	满足标准接线要求，按目标网架形成标准接线	
3. 网格内供电用户比例	目标（过渡）线路供电的用户占网格内所有用户数比例超过 80％	目标线路供电的用户占网格内所有用户数比例超过 90％	
4. 智能化水平	(1) 配电网自动化覆盖率超过 80％； (2) 光纤通信覆盖率超过 80％； (3) 智能电能表和低压集抄覆盖率超过 80％； (4) 配电变压器监测终端覆盖率超过 80％。 注：覆盖对象为公用线路及设备	(1) 配电网自动化覆盖率达到 100％； (2) 光纤通信覆盖率达到 100％； (3) 智能电能表和低压集抄覆盖率达到 100％； (4) 配电变压器监测终端覆盖率达到 100％	
形式审查总结论（通过/不通过） （只有上述维度均通过，形式审查总结论才可为"通过"）			

5.2.3　星级网格评价技术审查

技术审查是在形式审查的基础之上，以问题为导向，对网格现状问题的解决程度进行审查，包含负荷供应能力、网架结构、装备技术水平等内容，具体内容如表 5-16 所示。

表 5-16　星级网格评价技术审查标准表

网格层级	问题评级	问题类别	问题明细 （注：问题有项目解决但尚未解决的需扣分）	扣分项
所属高压网格 （L1 网格）	一类问题 （必须解决）	负荷供应能力	存在重满载变压器。 扣 10 分，不重复扣分	
	二类问题 （优先解决）		存在不满足主变压器 $N-1$ 变电站、投产三年负载率低于 20%。扣 4 分，不重复扣分	
	三类问题 （合理安排）		存在主变压器负载率不平衡变电站，扣 1 分，不重复扣分	
中压网格 （L2 网格）	一类问题 （必须解决）	网架结构水平	存在同母线联络、单辐射线路、有联络但不可转供线路、不满足新增负荷供电需求、一类不合理节点或分支。扣 10 分，不重复扣分	
		负荷供应能力	线路满载、低压线路满载、配电变压器满载问题，扣 10 分，不重复扣分	
		装备技术水平	S7 系列高损配电变压器、户外半绝缘环网柜（资产净值率不大于 5%）。第一类中压节点或线路未配置分界断路器。存在此类问题扣 5 分，不重复扣分	
		智能化水平	存在不满足自动化选点原则的线路，扣 5 分，不重复扣分；智能技术应用水平暂不评分	
		供电安全水平	中压线路末端电压不合格、台区电压偏低。扣 10 分，不重复扣分	
	二类问题 （优先解决）	网架结构水平	存在二类不合理节点或分支（见注5）。扣 4 分，不重复扣分	
		负荷供应能力	中压线路重载（含预测）、低压线路重载（含预测）、配电变压器重载（含预测）、网格发展能力不足问题。扣 4 分，不重复扣分	
		装备技术水平	第二类中压节点或线路未配置分界断路器。存在此类问题扣 3 分，不重复扣分	
		供电安全水平	中压线路末端电压不合格，台区电压偏低。扣 4 分，不重复扣分	
	三类问题 （合理安排）	网架结构水平	除一类、二类问题以外的其他网架不完善问题，如线路绕供、供电分区不合理等。存在此类问题扣 1 分，不重复扣分	

技术审查总得分：计算公式＝（100－扣分项），扣完为止

针对表 5-16 中的问题明细，有如下五点详细说明：

（1）统计对象仅针对公用配电网线路及设备。

（2）存在第一类中压节点或线路未配置分界断路器问题是指，近三年内用户设备故障出现两次及以上或主干线存在重要客户的中压节点或中压线路；第二类中压线路或节点的定义是指，存在重大缺陷的线路或分支线中用户数超过 3 户及以上或 A＋供电区域内非"第一类"情况的中压节点。

（3）网格发展能力不足指网格内主供线路最高负载率算术平均值大于 70%。

（4）分支是指"T"接于主干线路的辐射型线路；节点是指单一主干节点设备或两个开关间的线路，具体情况如图 5-1～图 5-4 所示。

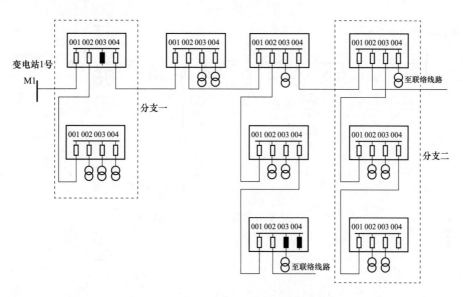

图 5-1　分支示意图（适用于电缆线路）

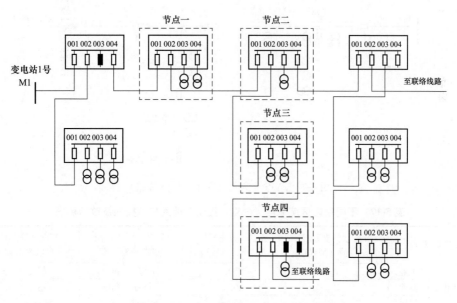

图 5-2　节点示意图（适用于电缆线路）

（5）一类不合理节点或分支是指，选定供电分区的节点（分支）用户数超过改造标准；二类不合理节点或分支是指，选定供电分区的节点（分支）用户数超过新建标准但低于改造标准。改造标准及新建标准如表 5-17 所示。

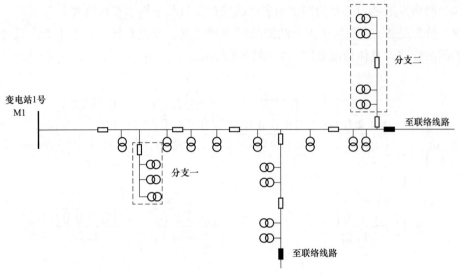

图 5-3　分支示意图（适用于架空线路）

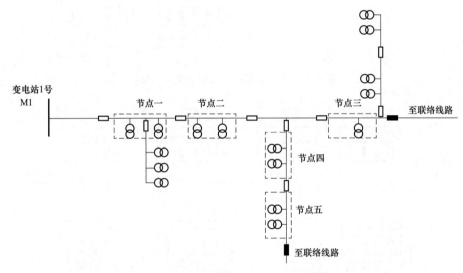

图 5-4　节点示意图（适用于架空线路）

表 5-17　不同供电区域节点（分支）控制负荷用户数接入及改造标准

适合范围	负荷特性	节点（分支）控制负荷（MW）	节点（分支）容量上限（kVA）	节点（分支）用户数新建标准	节点（分支）用户数改造标准
A+类供电区	工业	2	3500	不超过 10 户	超过 20 户
	商业	2	4000	不超过 10 户	超过 20 户
	居民	1.5	4500	不超过 800 户	超过 1500 户
A 类供电区	工业	2	3500	不超过 10 户	超过 20 户
	商业	2	4000	不超过 10 户	超过 20 户
	居民	2	5500	不超过 1000 户	超过 2000 户
B 类供电区	工业	2	3500	不超过 10 户	超过 20 户
	商业	2	4000	不超过 10 户	超过 20 户
	居民	2	5500	不超过 1500 户	超过 2000 户

第6章 电力需求预测

电力需求预测是一个地区开展配电网规划工作的基础，其根本目的是为了通过科学合理的预测方法，明确规划区在未来年期间的负荷发展趋势及电力需求水平，并以此为依据，为配电网规划建设方案的编制，以及电力设施站址廊道的建设与预留提供量化支撑依据，可以说电力需求预测影响着整个配电网规划工作的质量水平。因此，就网格化规划工作而言，电力需求预测须采用科学合理的预测方法，选取符合实际的预测参数，通过严谨的预测过程，实现对整个规划区及各供电网格的电力需求预测。

6.1 预测原则

开展网格化规划负荷预测工作应遵循如下原则：

（1）充分考虑规划区社会经济发展及人民生产生活建设的实际特点，确保预测方法及预测结果能够真实反映规划区配电网的发展需求。

（2）应遵循"由远及近、远近结合"的预测思路，既要开展饱和负荷预测，又要开展近、中期负荷预测，为现状电网向目标网架的合理过渡及近期规划项目库的编制提供依据。

（3）应在总量负荷预测的基础之上，进一步结合城市总体规划（详规）开展空间负荷预测，为规划区电力设施用地预留及各供电网格配电网规划方案的编制提供依据。

（4）在传统负荷预测工作的基础之上，应充分考虑规划区分布式电源、电动汽车、储能应用等电网建设新形式及新态势负荷的发展变化趋势，将各类变化因素对电网电能供给的影响纳入负荷预测过程统筹考虑。

6.2 预测流程

准确的负荷预测应当建立在大量调研分析的基础之上，即通过调研获取负荷预测所需要的基础数据，通过分析确定适用于规划区的预测方法，最后经过科学严谨的预测过程，即可获取较为准确的预测结果。

1. 数据收集

电力需求预测所需数据分为社会经济发展类及历史年用电水平类数据，收资范围一般以5～10年为宜，其中社会经济类数据主要包括经济指标总量、增速、结构比例、人均水平等；用电水平数据则以电量负荷总量、增速、用电结构、人均综合用电量及生活用电量等为主。条件具备时可进一步收集弹性系数、产值单耗系数、家用电器普及度等统计指标。

2. 负荷特性分析

在开展电力需求预测工作之前，应以所收集数据为依据，对区域配电网负荷特性水平进行分析，其目的有两个：一是通过负荷特性分析，能够较为详实地掌握规划区配电网各类用户的用电负荷特性，掌握其过往用电水平的发展变化规律；二是将负荷特性分析结果与社会经济发展、城市总体规划、区域发展定位等外部影响因素相结合，能够对规划区电力需求的发展趋势进行更为清晰、准确的判断。两者结合，有助于规划技术人员对预测方法的需求、预测结果的校核做出更为清晰、准确的判断。与此同时，负荷特性分析也能够在一定程度上对基础数据的合理性水平进行分析、校核。

3. 预测方法的选取和应用

结合规划区社会经济及配电网发展建设实际特点，参考基础数据的收资质量，选取适合的预测方法对规划区电力需求水平进行量化预测。预测过程应充分兼顾历史年电量负荷的发展实际，以及规划年的真实发展诉求。一般情况下可考虑采用2~3种不同的方法进行预测，同时结合专家经验对预测结果进行适当修正，可有效提升预测结果的合理性水平。

4. 预测结果的校核与综合分析

电力需求预测完成后，应通过结果校核的方式使整个预测工作形成闭环，校核的目的一方面是为了验证整个预测过程的合理性及严谨性，另一方面也可进一步对预测结果进行修正完善。一般常用的校核方法为人均用电指标法、产值单耗法以及相似地区横向比较等方法。

6.3 负荷特性分析

6.3.1 主要负荷特性指标

负荷特性分析是充分了解规划区电力需求发展变化规律的重要手段，同时也是预测方法选取的主要依据之一。配电网规划中一般通过指标计算来量化表征规划区负荷特性。其具体内容详述如下。

1. 日负荷特性指标

以日为单位表征负荷的变化规律，一般选取典型日的最大负荷、最小负荷以及用电量等指标进行分析。

（1）日平均负荷：日用电量除以24小时。

（2）日负荷率：日平均负荷与日最大负荷的比值。

（3）日最小负荷率：日最小负荷与日最大负荷的比值。

（4）日峰谷差：日最大负荷与最小负荷之差。

（5）日峰谷差率：日最大负荷及最小负荷之差与日最大负荷的比值。

2. 年负荷特性指标

对规划区负荷全年的变化特征进行总结，主要用于分析不同气温条件、时令节日对区域配电网负荷变化的影响，亦能够在一定程度上反映规划区的经济发展水平及产业结构定位。

（1）年平均负荷：全年各小时整点用电负荷的算术平均值。

（2）季不均衡系数（季负荷率）：全年各月最大负荷之和的平均值与年最大负荷的比值。

（3）年最大峰谷差：全年各日中峰谷差的最大值。

（4）年最大峰谷差率：全年各日中峰谷差率的最大值。

（5）年负荷率：年平均负荷与年最大负荷的比值。

（6）最大负荷利用小时数：年用电量与年最大负荷的比值。

6.3.2　负荷特性分析内容

1. 负荷峰谷变化特性分析

重点分析典型日最大负荷、最小负荷以及日平均负荷之间的关联关系及变化规律。通过对日负荷峰谷变化差值及其对应变化时间的分析，能够清晰反映规划区日负荷的变化特征。如以综合性负荷（包含居民生活、商业金融、行政办公等多种城市常见负荷）为主的供电网格，其日负荷特性曲线一般均包含有明显的高峰及低谷，且高峰一般分为早高峰与晚高峰，整个曲线变化过程与居民生产生活规律有着高度的吻合性；而以工业生产为主的园区类供电网格，其日负荷特性曲线的平滑程度将明显提升，尤其是对于一些 24 小时工作制的生产园区而言，其日负荷特性曲线几乎没有明显的峰谷波动。

2. 负荷季节气候变化特性分析

以年负荷特性分析为主，通过全年 8760 小时负荷的变化规律，能够清晰反映规划区负荷用户在不同季节气候及时令节日间的用电需求变化情况。以季节气候为例，南北方用电需求存在明显差异，南方城市夏季制冷负荷突出；北方城市以水暖联合供热为主，配电网鲜有供热负荷高峰出现；而部分长江以南的中西部地区近年来受气候变化、环境治理以及人民生活水平提升等多重因素的影响，制冷、制热负荷均十分突出，配电网建设同时存在"迎峰度夏"与"迎峰度冬"问题。

若以时令节日为例，年负荷特性分析亦能够清晰反映规划区返乡负荷、民俗节日等用电特征，为配电网建设改造方案的制订提供更为详实的规划依据及编制思路。

3. 各行业负荷特征分析

通过日、年负荷特性以及年最大负荷利用小时数等指标的分析，亦能够较为清晰地反映各类行业、产业的用电行为特征。如一、二类工业负荷用电，其特征为用电量大、负荷特性曲线平滑、年最大负荷利用小时数较高等特点；而城市生活用电的特征则表现为日负荷峰谷差值明显，最大负荷利用小时数多维持在 3500～5000 小时这一水平；农业生产类负荷的典型特征则是季节变化明显，且季不均衡系数、最大负荷利用小时数等特性指标均处在较低水平。

6.4 电力需求预测的主要方法

从现有配电网规划技术水平来看，电力需求预测的方法是多种多样的，但在实际应用中受数据完备性、方法适用性以及规划区特点等因素的影响，具有实际预测价值及可操作性的方法并不多。通过调研总结，目前应用较为普遍的预测方法可分为四类。

1. 利用历史数据进行模型外推

以规划区历史年的负荷电量作为核心数据，利用数学模型对历史数据进行拟合，并通过趋势外推的方式，获得目标时间段内负荷总量的发展规律。其优点在于预测结果可清晰反映目标时间段内逐年的负荷电量发展情况，但只能预测总量水平。数据模型外推方法一般应用于近中期负荷预测。

2. 利用负荷密度指标进行空间负荷预测

以城市总体规划（或详细规划）及各类负荷的负荷密度指标为基础数据，通过逐个用地地块的计算，对目标年的负荷总量及空间分布情况进行预测。其优点在于预测结果的空间属性十分突出，对变电站选址定容及网格规划方案的编制支撑作用明显；缺点在于预测结果只能表征目标年份的负荷水平，对逐年的变化情况无法预测，且预测过程计算量庞大且繁杂，仅靠人工难以完成。空间负荷预测一般应用于饱和负荷预测。

3. 以经济、人口等数据作为主要参数进行预测

以经济、人口等非电力系统数据作为主要参数进行预测的方法，能够较高程度反映规划区社会经济的发展水平，但保障其预测严谨性及准确度的前提是规划区经济生产建设处于相对规律、平稳的发展状态。目前此类方法多用于负荷预测结果的校核。

4. 以用户报装为主要依据"自下而上"进行预测

通过用户报装调研分析，以现有负荷需求为基础，进行"自下而上"的预测，能够较为准确的预测近期年的负荷发展水平，尤其对于大型报装用户的系统接入具有良好的指导意义。但受限于报装数据的收资年限，此类预测方法以短期预测为主，且多与模型外推等方法共同使用，以提升预测结果的合理性及准确度。

在明确电力需求预测方法分类及其优、缺点的基础之上，结合配电网网格化规划的不同需求，对典型预测方法进行说明。

6.4.1 规划区总量负荷预测

1. 产值单耗法

产值单耗法分为分产业产值单耗法及综合产值单耗法，其中：

分产业产值单耗法是根据一、二、三产业的单位产量（或单位产值）所需耗电量和规划期对应的产量（或产值）来测算用电量的方法。实际应用时先分别预测各产业用电

量，再单独预测居民生活用电量，最后相加而成全社会用电量。其计算公式为：

$$W_i = \sum_{i=1}^{n} K_{ij} \times G_{ij} + e_i$$

式中　W_i——规划期第 i 年的用电量；

　　　K_{ij}——规划期第 i 年第 j 产业的单位产量（产值）；

　　　G_{ij}——规划期第 i 年第 j 产业的单位产量（产值）耗电量；

　　　e_i——规划期第 i 年的居民生活用电量。

综合产值单耗法不再单独预测各产业用电量，而是以规划区国内生产总值（GDP）及其对应的耗电量为依据，求算综合产值用电单耗，之后再以预测期当年的国内生产总值为基础，预测当年全社会用电量水平。

2. 电力弹性系数法

弹性系数法是一种利用电力发展与国民经济发展的关联关系来预测电力需求量的一种预测方法。历史年一定时间内的电量年均增长速度，与对应时间内的 GDP 年均增长速度之比，即为电力弹性系数。结合政府工作报告等基础资料，在明确规划区未来年份 GDP 年均增速预测值的基础之上，即可预测全社会用电量水平，其计算公式为：

$$W_n = W_0 \times (1 + \hat{k_t} \times R)^n$$

式中　W_n——规划期第 n 年的全社会用电量；

　　　W_0——规划基准年的全社会用电量；

　　　$\hat{k_t}$——规划期内 GDP 年均增速的预测值；

　　　R——根据历史数据求算的电力弹性系数。

3. 回归分析法

回归分析法一般选取时间作为自变量，以电量或负荷作为因变量，之后建立与历史数据拟合度较高的数学方程，如多项式、对数、幂指数回归方程等，用于预测规划期电量或负荷水平。回归分析法一般要求用于拟合的历史数据不少于 5 年，以 10 年为宜。以一元线性回归方程 $y = a + bx$ 为例，其中 x 为自变量，y 为因变量，a、b 为回归系数，则可通过最小二乘法估算一元线性回归方程中的回归系数：

$$\begin{cases} b = \dfrac{\sum t_i y_i - \bar{y} \sum t_i}{\sum t_i^2 - \bar{t} \sum t_i} \\ a = \bar{y} - b\bar{t} \end{cases}$$

式中　t_i——年份计算编号；

　　　$\bar{t}$——各 t_i 之和的平均值；

　　　y_i——历史年第 i 年因变量的值；

　　　$\bar{y}$——历史年因变量的平均数。

确定回归系数后，进一步验证方程的拟合度水平，通过相关性分析进行校验，计算公式如下：

$$R^2 = \frac{\sum_{i=1}^{n}(\hat{y}_i - \bar{y})^2}{\sum_{i=1}^{n}(y_i - \bar{y})^2}$$

式中 R^2——判断系数，取值 $0\sim1$，且越接近于 1 说明方程拟合度越好；

$\hat{y}_i$——历史年第 i 年的拟合值。

确定方程式的拟合度水平后，即可将通过计算确定的 a、b 回归系数带入方程 $y_i = a + bt_i$，以预测规划期各年的电量、负荷水平。

6.4.2 供电网格空间负荷预测

空间负荷预测一般采用负荷密度指标法，其预测结果能够明确各类用电性质负荷的地理分布情况，是网格化规划的重要基础。开展供电网格空间负荷预测，必须具备详实的用地规划图（或土地利用性质图）。

负荷密度指标法首先将用电负荷按不同性质进行分类，如居民生活、商业金融、行政办公等，分类内容应与城市总体规划相匹配；进而通过调研分析、同类比较等方法，确定各类用电负荷的饱和负荷密度指标；之后以城市总体规划所确定的用地规划图为依据，逐一对各用地地块的负荷发展水平进行预测；最终在考虑用电同时率的基础之上，确定规划区负荷预测结果及负荷分布情况。

1. 供电网格空间负荷预测过程

（1）地块负荷预测。地块负荷预测分为单位建筑面积负荷密度指标法，以及单位建设用地负荷密度指标法，其中：

单位建筑面积负荷密度指标法是以规划用地地块的建筑面积作为预测基础，其最大负荷计算公式为：

$$P_{\text{地块}} = M \times D$$

式中 M——建筑面积，可通过占地面积乘以容积率获得；

D——单位建筑面积负荷密度指标。

在规划建设用地容积率不明确，用地地块建筑面积不确定的情况下，可采用单位建设用地负荷密度指标法进行预测，其最大负荷计算公式为：

$$P_{\text{地块}} = S \times V$$

式中 S——占地面积，即用地地块面积；

V——单位建设用地负荷密度指标。

（2）L2、L3 供电网格负荷预测在明确用地地块负荷的基础之上，可将网格内各地块的负荷预测结果进行相加，形成 L2、L3 网格的负荷预测结果，用于指导网格内 10kV 馈线组接线模式及布线方案规划等。具体计算公式如下：

$$P_{\text{L2、L3网格}} = \sum_{i=1}^{m} P_{\text{地块}i} \times \eta_{\text{地块间}}$$

式中 m——用电地块的个数；

$P_{\text{地块}i}$——第 i 个地块的负荷预测值；

$\eta_{\text{地块间}}$——地块间同时率系数。

（3）L1 供电网格负荷预测。

供电网格负荷预测主要用于指导规划区配电网电力平衡、变电站选址定容等工作的开展，其计算过程为各 L2 供电网格考虑同时率水平下的负荷累加，具体计算公式如下：

$$P_{\text{L1网格}} = \sum_{i=1}^{m} P_{\text{L2网格}i} \times \eta_{\text{L2网格间}}$$

式中　m——L2 供电网格的个数；

$P_{\text{L2网格}i}$——第 i 个 L2 供电网格的负荷预测值；

$\eta_{\text{L2网格间}}$——供电网格间同时率系数。

（4）规划区整体空间负荷预测。

规划区整体空间负荷即反映区域整体负荷发展的预测水平，其计算过程为各 L1 供电网格在考虑同时率水平下的负荷累加，具体计算公式如下：

$$P_{\text{区域}} = \sum_{i=1}^{m} P_{\text{L1网格}i} \times \eta_{\text{L1网格间}}$$

式中　m——L1 供电网格的个数；

$P_{\text{L1网格}i}$——第 i 个 L1 供电网格的负荷预测值；

$\eta_{\text{L1网格间}}$——供电网格间同时率系数。

2. 空间负荷预测指标选取

以建筑面积负荷密度指标为例，其指标选取过程如下所示。

（1）规划单位建筑面积用电指标选取。

参考 GB/T 50293—2014《城市电力规划规范》，确定规划单位建筑面积用电指标，具体情况如表 6-1 所示。

表 6-1　规划单位建筑面积用电指标

建筑类别	单位建筑面积负荷指标（W/m^2）
居住建筑	30～70
公共建筑	40～150
工业建筑	40～120
仓储物流建筑	15～50
市政设施建筑	20～50

（2）需用系数选取。

参考《工业与民用供配电技术手册（第四版）》选取需用系数，结合配电网规划经验，各类用户的需用系数可参考表 6-2 选取。

表 6-2 各类用户需用系数汇总表

分 类		需用系数
公共设施	行政办公类	0.5～0.6
	商业、金融、服务业类	0.5～0.6
	体育	0.47
	医疗卫生	0.5～0.6
	教育科教	0.3～0.5
居民生活	一类居住	0.22～0.25
	二类居住	0.2～0.23
	拆迁安置类居住	0.19～0.22
工业	一类工业	0.4～0.5
	二类工业	0.4～0.6
	三类工业	0.5～0.6

（3）规划单位建筑用地负荷密度指标。

依据规划单位建筑面积用电指标以及对应负荷性质的需用系数，可确定各类用户的规划负荷密度指标，其计算公式为：

$$W_n = W_{建筑n} \times k_n$$

式中　W_n——第 n 种负荷性质的建筑面积负荷密度指标；

　　　$W_{建筑n}$——第 n 种负荷的规划单位建筑面积用电指标；

　　　k_n——第 n 种负荷的需用系数。

（4）同时率的选取。

同时率选取是空间负荷预测的重点和难点，由于基于 L1、L2、L3 供电网格划分体系中，组成各网格的最小单元——用地地块的负荷性质是唯一的，因此可采用基于负荷曲线叠加的分析方法，获得较为精确的同时率指标。以 L3 供电网格为例，假设网格内仅有 a、b 两个用地地块，则其同时率指标计算方法为：

$$\lambda_{L3} = \frac{P_{a+b}}{p_{amax} + p_{bmax}}$$

式中　λ_{L3}——地块 a 和 b 之间的负荷同时率指标；

　　　P_{a+b}——a、b 两地块全年 8760 时刻负荷曲线叠加后，曲线中的最大值；

　　　$p_{amax} + p_{bmax}$——a 地块最大负荷与 b 地块最大负荷的代数和。

同时率指标具有明显的区域特征，不同规划区内各类负荷的占比及用电负荷特性不同，则其同时率指标也各不相同，因此在网格化规划工作的开展过程中，应尽可能选用实际负荷数据进行同时率指标的测算。

6.4.3　供电网格用户负荷预测

对于供电网格内建设有大型用电用户的区域，应单独对大用户的电力需求水平进行预测，并将预测结果与自然增长预测相结合，以提升供电网格负荷预测结果的准确性。

目前较为常用的大型用户负荷预测方法为大用户法及需要系数法。

1. 大用户法

该方法建立在对现有及预期新增大用户充分调研的基础上，对大用户用电需求和区域自然增长用电需求分别进行预测，供电网格总体用电需求等于大用户预测与区域自然增长预测结果之和（需考虑同时率）。需要说明的是，如采用回归分析等方法对网格进行自然增长预测时，历史数据中应充分剔除大用户的用电情况。大用户法预测公式为：

$$P_i = \Big[\sum_{n=1}^{n} (M_{xi}\mu_{xi}\eta_{x行业内}) \Big] \times \eta_{行业间}$$

式中　P_i——规划期第 i 年的大用户负荷；

$\quad M_{xi}$——规划期第 i 年第 x 个行业大用户的报装容量之和；

$\quad \mu_{xi}$——规划期第 i 年第 x 个行业大用户的需用系数；

$\quad \eta_{x行业内}$——第 x 个行业内大用户间的同时率；

$\quad \eta_{行业间}$——各行业之间的同时率。

2. 需要系数法

该方法适用于预测计算 L3 供电网格内的负荷情况，即单一或多个用户接入配电变压器所产生的用电需求，其计算公式如下：

$$\begin{cases} P = k_p \sum (k_x P_e) \\ Q = k_q \sum (k_x P_e \tan\varphi) \end{cases}$$

式中　k_p——有功功率同时率，一般选取范围为 0.8～1.0；

$\quad k_q$——无功功率同时率，一般选取范围为 0.93～1.0；

$\quad P_e$——用电设备组的额定功率；

$\quad k_x$——用电设备的需要系数，根据用户的实际用电设备情况进行选取；

$\quad \varphi$——用电设备组的功率因数角。

一般情况下，对于配电室，k_p 和 k_q 分别取 0.85～1 和 0.95～1；对于总降压变电站，则分别取值为 0.8～0.9 和 0.93～0.97；简化计算时，k_p、k_q 可同取 k_p 值。

6.4.4　负荷预测结果校核

负荷预测工作完成后应对预测结果进行校核，较为常见的校核方法为类比法、最大负荷利用小时数法和人均综合用电法，实际校核过程中一般选择多种方法同时校核的方式来验证预测结果的合理性。各类方法的具体说明如下。

1. 类比法

类比法校核方式简单高效，即选取具有代表性及历史经济发展相似性的发达国家或地区，将其已经过充分发展、接近饱和的电力需求水平与规划区的预测结果进行比较，当比较结果符合规划专家的预期结论时，则可认为预测结果是满足区域配电网发展趋势的。用于类比的指标一般以负荷密度指标、人均用电量水平等为主。

需要说明的是，类比法的应用需要对类比对象具有较为详实的了解，确保规划区与类比对象具有可比性时，类比结果才具有意义；且类比法仅可作为一种便捷的补充校核方式加以应用，此方法并不可直接应用于规划区的负荷预测工作。

2. 最大负荷利用小时数法

最大负荷利用小时数作为一项负荷特性指标，能够在一定程度上反映规划区的社会经济发展及生产生活特征，通过求算规划年最大负荷利用小时数指标，并将其与历史年指标发展变化情况进行对比，可有效验证预测结果的合理性水平。其计算公式为：

$$T_{max} = \frac{E}{P_{max}}$$

式中　　T_{max}——规划年最大负荷利用小时数；

　　　　P_{max}——规划区网供最大负荷预测值；

　　　　E——规划区网供电量预测值。

在规划区社会发展及功能定位未发生明显变化的情况下，当 T_{max} 计算结果与历史年数据相近，且变化趋势符合城市总体规划定位时，则电力需求预测结果具有应用价值；若出现明显区别，则说明预测过程存在瑕疵，预测结果无法应用。

3. 人均综合用电量法

该方法以规划区供电人口为依据，通过求算规划年的人均综合用电量或人均生活用电量指标，来对电力需求预测结果进行校核。人均用电指标的求算结果可与 GB/T 50293—2014《城市电力规划规范》中的相关规定进行比较，当比较结果与规划区的城市发展定位相吻合时，可在一定程度上说明预测结果的合理性水平。《城市电力规划规范》中关于城市发展定位的相关指标情况如表 6-3、表 6-4 所示。

表 6-3　规划人均综合用电量指标

指标分级	城市用电水平分类	人均综合用电量［kWh/（人·年）］	
		现状	远景
I	生活用电水平较高城市	4501~6000	8000~10000
II	生活用电水平中上城市	3001~4500	5000~8000
III	生活用电水平中等城市	1501~3000	3000~5000
IV	生活用电水平较低城市	701~1500	1500~3000

表 6-4　规划人均生活用电量指标

指标分级	城市用电水平分类	人均生活用电量［kWh/（人·年）］	
		现状	远景
I	生活用电水平较高城市	1501~2500	2000~3000
II	生活用电水平中上城市	801~1500	1000~2000
III	生活用电水平中等城市	401~800	600~1000
IV	生活用电水平较低城市	201~400	400~800

第7章 高压配电网规划

高压配电网是电力系统的重要组成部分，具有"承上启下"的关键作用，是电能从输送到配出过程中的重要纽带。与此同时，高压配电网也是规划区中压配电网发展建设的重要基础，其发展建设水平直接决定了中压配电网及各供电网格的发展规模及质量水平。因此在开展中压配电网网格化规划之前，应率先结合 L1 供电网格划分结果，开展规划区高压配电网规划工作。

7.1 高压配电网规划的基本原则

1. 电压等级序列选择

城市高压配电网电压等级以 110kV 为主，部分 B 及以下供电区因差异化需求可适度建设 35kV 电网。主要电压等级序列说明如表 7-1 所示。

表 7-1 各供电区域推荐高压配电网电压等级序列

供电区类型	推荐电压等级序列	发展思路
A+、A	220/110/10kV 220/20kV	A+、A 类供电区，推荐采用 220/110/10kV 序列；部分高负荷密度地区可选用 220/20kV 序列；非现有 20kV 地区需经充分技术经济论证及批复后方可实施
B、C、D、E	220/110/10kV 220/110/35/10kV	应优化配置电压序列，简化变压层次，避免重复降压，现有运行的非标准电压应限制发展，并逐步进行改造

2. 供电安全准则

高压配电网规划应遵循供电安全准则，具体内容如表 7-2 所示。

表 7-2 高压配电网供电安全准则

供电区类型	供电安全准则
A+、A、B、C	应满足 $N-1$
D	宜满足 $N-1$
E	不做强制要求

注 "满足 $N-1$"包括通过下级电网转供不损失负荷的情况。

对于过渡时期仅有单回线路或单台变压器的供电情况，允许线路或变压器故障时，损失部分负荷；A+、A、B、C 类供电区域高压配电网本级不能满足 $N-1$ 时，应通过加强中压线路站间联络的方式提高转供能力，以满足高压配电网供电安全准则；110kV 及以下变电站供电范围宜相对独立，可根据负荷的重要性在相邻变电站或供电片区之间建立适当联络，保证在事故情况下具备相互支援的能力。

3. 容载比范围

容载比是衡量规划区高压配电网供电能力及建设经济性的重要指标之一，其计算公式为

$$R_s = \frac{\sum S_{ei}}{P_{max}}$$

式中　R_s——容载比；

$\sum S_{ei}$——该电压等级全网或供电区内公用降压变电站主变压器容量之和；

P_{max}——该电压等级全网或供电区的年网供最大负荷。

地区全网容载比应按电压等级分层计算，对于区域较大、负荷发展水平极度不平衡、负荷特性差异明显、分区年最大负荷出现在不同季节的地区，也可分区分电压等级分层计算容载比。

计算各电压等级容载比时，该电压等级发电厂的升压变压器容量及直供负荷不应计入，该电压等级用户专用变电站的主变压器容量及其所供负荷也应扣除。另外，部分区域之间仅进行故障时功率交换的联络变压器容量也应扣除。

应根据规划区域的经济增长和社会发展的不同阶段，确定合理的容载比取值范围，容载比总体应控制在 1.8～2.2。对处于负荷发展初期及快速发展期的地区、发展潜力大的重点开发区或负荷较为分散的偏远地区，可适当提高容载比的取值；对于网络发展完善（负荷发展已进入饱和期）或规划期内负荷明确的地区，在满足用电需求和可靠性要求的前提下，可适当降低容载比取值。

7.2　变电容量估算及变电站布点设计

变电容量估算应当建立在负荷预测基础之上，结合容载比指标，逐一确定各电压层级变电容量需求；之后依据规划区高压变电站典型设计方案，进一步确定规划年各 L1 供电网格变电站座数。

7.2.1　分电压等级网供负荷计算

分电压等级网供负荷计算可根据规划区总负荷、直供用户、自发自用负荷、变电站直降负荷、分布式电源接入等因素综合计算得到。计算时需注意以下内容：

（1）应依据历史年用电情况，计算直供用户预测期内逐年负荷；

（2）直供用户负荷累加时，应考虑行业内及行业间同时率；

（3）需明确新增电源接入电压等级、装机容量及正常出力水平；

（4）分析水电能源出力时，应根据水电不同季节占比比例，分丰水期、枯水期进行计算。

1. 110kV 网供负荷计算

110kV 配电网网供负荷的计算公式为：

$$P_{110kV网供} = P_\Sigma - P_厂 - P_{直供1} - P_{直降1} - P_{发电1}$$

上式中的 P_Σ 为全社会用电负荷，$P_厂$ 为厂用电负荷，$P_{直供1}$ 为 110kV 及以上电网直供负荷，$P_{直降1}$ 为 220kV 及以上电网直降为 35kV 或 10kV 的负荷，$P_{发电1}$ 则为 35kV 及以下电源发出且参与电力平衡的发电负荷。

【算例】　经过网供负荷分析计算，在确定某地区 2018～2022 年最大用电负荷的情况下，可计算确定该地区 110kV 电网网供负荷水平如表 7-3 所示。

表 7-3　110kV 分年度网供负荷预测结果（单位：MW）

项目	2018 年	2019 年	2020 年	2021 年	2022 年
（1）全社会用电负荷	746.83	759.60	802.80	887.54	967.82
（2）电厂厂用电	68.77	69.76	69.76	70.10	70.10
（3）220kV 及以上电网直供负荷	0	0	0	0	0
（4）110kV 电网直供负荷	11.80	14.22	14.51	14.80	15.09
（5）220kV 直降 35kV 负荷	0	0	0	0	11
（6）220kV 直降 10kV 负荷	0	0	0	0	0
（7）35kV 及以下等级上网且参与电力平衡的发电负荷	0	0	0	0	0
（8）110kV 网供负荷	666.26	675.61	718.53	802.64	882.63

注　110kV 网供负荷（8）＝全社会用电负荷（1）－厂用电（2）－220kV 及以上电网直供负荷（3）－110kV 电网直供负荷（4）－220kV 直降 35kV 负荷（5）－220kV 直降 10kV 负荷（6）－35kV 及以下等级上网且参与电力平衡发电负荷（7）。

2. 35kV 网供负荷

35kV 配电网网供负荷的计算公式为：

$$P_{35kV网供} = P_\Sigma - P_厂 - P_{直供2} - P_{直降2} - P_{发电2}$$

上式中的 P_Σ 为全社会用电负荷，$P_厂$ 为厂用电负荷，$P_{直供2}$ 为 35kV 及以上电网直供负荷，$P_{直降2}$ 为 110kV 及以上电网直降为 10kV 的供电负荷，$P_{发电2}$ 为 35kV 公用变电站 10kV 侧上网且参与电力平衡的发电负荷。

【算例】　经过网供负荷分析计算，在确定某地区 2018～2022 年最大用电负荷的情况下，可计算确定该地区 35kV 电网网供负荷水平如表 7-4 所示。

表 7-4　35kV 分年度网供负荷预测结果（单位：MW）

项目	2018 年	2019 年	2020 年	2021 年	2022 年
（1）全社会用电负荷	746.83	759.60	802.80	887.54	967.82
（2）电厂厂用电	68.77	69.76	69.76	70.10	70.10
（3）35kV 及以上电网直供负荷	106.15	99.29	107.47	120.31	125.40
（4）220kV 直降 10kV 负荷	0	0	0	0	0
（5）110kV 直降 10kV 负荷	276.02	283.30	305.98	361.05	418.82
（6）35kV 公用变电站 10kV 侧上网且参与电力平衡的发电负荷	0	0	0	0	0
（7）35kV 网供负荷	295.89	307.25	319.59	336.07	353.50

注　35kV 网供负荷（7）＝全社会用电负荷（1）－厂用电（2）－35kV 及以上电网直供负荷（3）－220kV 直降 10kV 供电负荷（4）－110kV 直降 10kV 供电负荷（5）－35kV 公用变电站 10kV 侧上网且参与电力平衡的发电负荷（6）。

3. 10kV 网供负荷

10kV 配电网网供负荷的计算公式为：

$$P_{10kV网供} = P_{总} - P_{专线} - P_{低压发电}$$

上式中 $P_{总}$ 为 10kV 总负荷，$P_{专线}$ 为 10kV 专线用户负荷，$P_{低压发电}$ 为以 0.4kV 电压等级接入公用电网的电源。

其中 10kV 总负荷 $P_{总}$ 由下式计算：

$$P_{总} = P_{220kV降} + P_{110kV降} + P_{35kV降} + P_{10kV发电}$$

上式中的 $P_{220kV降}$ 为 220kV 公用变电站 10kV 侧变电负荷，$P_{110kV降}$ 为 110kV 公用变电站 10kV 侧变电负荷，$P_{35kV降}$ 为 35kV 公用变电站 10kV 侧变电负荷，$P_{10kV发电}$ 为 10kV 电源上网负荷。

【算例】 经过网供负荷分析计算，在确定某地区 2018～2022 年最大用电负荷的情况下，可计算确定该地区 10kV 电网网供负荷水平如表 7-5 所示。

表 7-5 10kV 分年度网供负荷预测结果（单位：MW）

项目	2018 年	2019 年	2020 年	2021 年	2022 年
(1) 10kV 总负荷	473.09	479.45	521.82	575.92	632.17
(2) 220kV 公用变电站 10kV 侧变电负荷	0	0	0	0	0
(3) 110kV 公用变电站 10kV 侧变电负荷	209.40	214.92	223.30	249.48	264.29
(4) 35kV 公用变电站 10kV 侧变电负荷	257.09	257.93	291.92	322.04	361.28
(5) 10kV 电源上网电力	6.60	6.60	6.60	6.60	6.60
(6) 10kV 专线用户负荷	99.44	113.65	121.66	139.83	151.62
(7) 接入公用电网的 400V 电源	0	0	0	0	0
(8) 10kV 网供负荷	373.65	365.79	400.16	436.08	480.55

注 10kV 总负荷(1)=220kV 公用变电站 10kV 侧变电负荷(2)+110kV 公用变电站 10kV 侧变电负荷(3)+35kV 公用变电站 10kV 侧变电负荷(4)+10kV 电源上网电力(5)；10kV 网供负荷(8)=10kV 总负荷(1)-10kV 专线用户负荷(6)-接入公用电网的 400V 电源(7)。

7.2.2 变电容量需求

在明确各电压等级网供负荷的基础上，依据导则中容载比的相关规定，结合规划区现状变电容量水平，可确定规划区各电压层级变电设备容量的建设需求。其具体计算公式如下：

$$\Delta S = S - S_0 = P \times R_S - S_0$$

式中 ΔS——需新增变电容量；

S——规划期末的变电容量需求；

S_0——现状年变电容量；

P——规划期末网供最大负荷；

R_S——规划期末的容载比。

【算例】 某地区 2018～2022 年 110kV 和 35kV 的网供负荷分别如上文算例计算结

果。现状年 110kV 现有变电容量为 1290MVA，容载比取 1.9；35kV 现有容量为 505MVA，容载比取 1.85。试计算该地区 110kV 和 35kV 的变电容量需求。

规划区 110kV 和 35kV 电网变电容量需求如表 7-6 所示。

表 7-6　规划区 110kV 和 35kV 变电容量需求表

电压等级	项目	2018 年	2019 年	2020 年	2021 年	2022 年
110kV	网供负荷（MW）	666.26	675.61	718.53	802.64	882.63
	容载比	1.90	1.90	1.90	1.90	1.90
	期末容量（MVA）	1265.89	1283.66	1365.20	1525.01	1676.99
	现有容量（MVA）	1290	1290	1290	1290	1290
	新增容量（MVA）	0	0	75.20	235.01	386.99
35kV	网供负荷（MW）	295.89	307.25	319.59	336.07	353.50
	容载比	1.85	1.85	1.85	1.85	1.85
	期末容量（MVA）	547.40	568.40	591.24	621.74	653.98
	现有容量（MVA）	505	505	505	505	505
	新增容量（MVA）	42.40	63.40	86.24	116.74	148.98

7.2.3　变电站座数估算

同一规划区域中，相同电压等级的主变压器单台容量规格不宜过多；同一变电站内的主变压器规格宜统一。变电站主变压器配置规模如表 7-7 所示。

表 7-7　变电站变压器配置表

变电站电压等级	供电分区	数量（台）	单台容量（MVA）
110kV 变电站	A＋、A 类	3、4	63
	B、C 类	2、3	40、50、63
	D 类	2、3	20、40
	E 类	2	20、40
35kV 变电站	C、D、E 类	2	5、8、10

变电站投运后应满足 3 年内不扩建主变压器的要求，其中 A＋、A 类供电区首期投产主变压器台数不应少于 2 台；原则上在原主变压器负荷超过额定容量 50% 时才考虑新增主变压器容量，且若该变电站主变压器已超过 2 台，则考虑通过新增站点增加容量。

根据变电站主变压器容量构成情况进一步估算变电站座数，其计算公式为

$$n = \left\lceil \frac{\Delta S}{S_N} \right\rceil$$

式中　n——新增变电站座数；

ΔS——该电压等级新增变电容量，MVA；

S_N——变电站典型容量配置，MVA；

[ ]——向上取整计算。

计算结果仅反映基本座数需求，实际布点与设计过程中，还需结合现状电网、网络布局、负荷分布等情况进一步对变电站座数进行优化和调整。

7.2.4 高压变电站布局与设计

高压变电站布局是深入考虑规划区配电网现状建设情况、社会经济发展需求、城市规划建设以及用电负荷分布水平等多维度影响因素后的综合寻优结果，布局过程既应满足电力系统专业规划建设的相关需求，同时也需与规划区的社会经济发展建设相协调。

1. 布局原则

高压变电站规划布局应遵循如下原则：

（1）变电站布局应以空间负荷分布预测结果为依据，站址应尽可能布置在负荷中心点，站址选择应为进出线预留充足的用地空间；

（2）应严格遵循"由远及近、远近结合"的规划思路，统筹兼顾规划区配电网发展需求，提前布局站址廊道建设用地；

（3）站址布局在满足区域负荷供电需求的同时，还应充分考虑高压配电网网络结构的调整与完善，满足安全可靠供电建设需求；

（4）站址布局应统筹兼顾上下级电网的建设需求，既要考虑上级电源对自身的供给支撑，还需考虑下级中压线路配出的技术经济合理性水平；

（5）变电站布局应兼顾电网发展建设时序，合理安排新建及增容改造项目；

（6）布局方案的编制为多方案寻优过程，应充分考虑负荷密度、空间资源、中压配电网供电半径和整体经济性后，经充分的技术经济比较后确定最终方案。

2. 建设型式要求

变电站布置应因地制宜、节约用地，符合安全、经济、美观等原则。高压变电站建设型式如表7-8所示。

表7-8 变电站建设型式表

变电站	A+类	A类	B类	C类	D类	E类
110kV 变电站	全户内	全户内 半户内	半户内 户外 全户内	半户内 户外	户外 半户内	户外
35kV 变电站	—	—	—	半户外 箱式布置	半户外 箱式布置	半户外 全户外 箱式布置

注 1 本表中A+、A类供电分区的变电站型式选择不包括工业园区，对负荷密度达到A+、A类供电分区条件的工业园区，其变电站型式可根据工程具体情况在设计时确定。
　　2 对防风、防腐蚀有特殊要求的区域可考虑全户内布置。

3. 变电站主接线型式

变电站电气主接线应根据变电站在电网结构中的位置、出线回数、设备特点、负荷性质等条件确定，应满足供电可靠、运行灵活、检修方便、投资节约、便于扩建等要求。高压变电站电气主接线型式如表7-9所示。

表 7-9　高压变电站电气主接线型式推荐表

变电站	母线电压	A+类	A类	B类	C类	D类	E类
110kV 变电站	110kV	单母分段单元	单母分段单元	单母分段内（外）桥单元	单母分段内（外）桥单元	单母分段单母线内桥	单母线单母分段内桥
	35kV	—	—	单母分段			
	10kV	单母分段、单母四分段	单母分段、单母四分段			单母分段	
35kV 变电站	35kV	—	—	—	单母线分段、单母线、桥型		
	10kV	—	—	—	单母线分段、单母线、桥型		

4. 变电站出线回数

变电站出线回数应与变压器容量相匹配。具体出线回数如表 7-10 所示。

表 7-10　110kV 变电站出线规模说明表

电压等级		出线规模
110kV 出线		根据主接线型式配置 2~4 回；有电厂或大用户接入时可依需增加 1~2 回
35kV 出线		4~10 回
10kV 出线	每台 63、50MVA 主变压器	12~16 回出线
	每台 40MVA 主变压器	10~12 回出线
	每台 20MVA 主变压器	6~12 回出线

35kV 变电站的 10kV 出线回数应依据主变压器容量构成及 10kV 导线型号，经详细测算后确定。

7.3　高压配电网线路设计

1. 设计原则

高压配电网线路设计应遵循如下原则：

（1）同一电网内的导线选型应标准化、系列化，相同接线的同类分区宜采用相同的导线截面；

（2）导线型号的选择应考虑负荷发展和目标网架构建，按线路全生命周期成本一次选定；

（3）高压配电网线路的长度应与其供电能力相匹配，一般情况下，110kV 线路长度不超过 60km，35kV 线路长度不超过 30km。

2. 线路选型

高压配电网线路导线型号的选择宜遵循表 7-11 推荐结果。

表 7-11　高压配电网线路导线截面推荐表

线路	供电分区	导线截面（mm²）	
		架空线	电缆线路
110kV 线路	A+、A类供电区	300、400、500、630	800、1200、1600
	B、C类供电区	240、300、400、500、630	500、800、1200、1600
	D、E类供电区	185、240、300	—
35kV 线路	C、D、E类供电区	120~300	—

注　1　承担电厂送出任务的高压配电网线路，其导线截面选择应结合电厂装机容量及其接入系统情况综合考虑。
　　2　架空线路宜采用钢芯铝绞线、铝绞线，沿海及有腐蚀性气体的地区应选用防腐型钢芯铝绞线。

7.4 高压配电网网络规划

1. 规划的基本原则

高压配电网网络规划应遵循如下原则：

（1）电网网架结构应简单、清晰，同一区域的网络接线型式应标准化；

（2）应采用以 220kV 变电站为中心，分区分片的供电模式规划网架，各供电片区正常方式下应相对独立；

（3）高压配电网规划应充分考虑安全可靠供电需求，故障情况下各供电片区间必须具备相互支援的能力；

（4）不同类型供电区域高压配电网应根据负荷水平、供电可靠性需求和电网发展目标，因地制宜的选取网架结构接线方式，且目标网架接线方式的选择应兼顾现状电网向目标网架的平稳过渡。

2. 网架结构的选择

高压配电网网架结构接线模式以链型接线及 T 型接线为主，其目标接线推荐方式如表 7-12、表 7-13 所示，典型接线示意图详见附录 B。

表 7-12　110kV 配电网网架结构目标接线推荐表

供电分区	链型接线		T 型接线	
	过渡接线	目标接线	过渡接线	目标接线
A+、A	双回辐射 双侧电源单回链 （1 站）	双侧电源完全双回链 双侧电源不完全双回链 双侧电源单回链（1 站）	单侧电源三 T 单侧电源双 T	双侧电源三 T 双侧电源 πT
B	双回辐射 双侧电源单回链	双侧电源不完全双回链 单侧电源不完全/完全双回链 双侧电源单回链（1 站）	单侧电源双 T 双回辐射	双侧电源三 T 双侧电源完全双 T 双侧电源 πT
C	单回辐射	单侧电源不完全双/完全回链 单侧电源单回链 双侧电源单回链 双回辐射	单回辐射 单侧电源单 T	双侧电源三 T 双侧电源不完全双 T 单侧电源双 T 双侧电源 πT
D、E	单回辐射	单侧电源单回链 双侧电源单回链 双回辐射	单回辐射 单侧电源单 T	单侧电源双 T 双侧电源不完全双 T 单侧电源单 T

表 7-13　35kV 配电网网架结构接线推荐表

供电分区	链型接线		T 型接线	
	过渡接线	目标接线	过渡接线	目标接线
C	单回辐射	单侧电源不完全双回链 单侧电源单回链 双侧电源单回链 双回辐射	单回辐射 单侧电源单 T	单侧电源双 T 双侧电源不完全双 T 双侧电源 ⅡT

35kV 配电网网架结构接线推荐表　　　　　　　　　　续表

供电分区	链型接线		T 型接线	
	过渡接线	目标接线	过渡接线	目标接线
D	单回辐射	单侧电源单回链 双侧电源单回链 双回辐射	单回辐射 单侧电源单 T	单侧电源双 T 双侧电源不完全双 T
E	单回辐射	单侧电源单回链 双侧电源单回链	单回辐射	单侧电源双 T 单侧电源单 T

第8章　中压配电网规划

中压配电网规划是网格化规划的核心内容，规划过程涵盖网格供电能力提升、现状问题改造、供电用户接入等多种目标。结合国内外先进供电企业的发展建设经验来看，中压配电网是实现高可靠性供电的关键环节，亦是配电网建设运行经济性的核心影响因素之一。因此，就网格化规划工作而言，L2网格中压配电网规划是实现精准化规划、精益化管理目标的关键基础。

8.1　中压配电网规划的基本原则

1. 基本原则

（1）中压配电网规划应以L2供电网格为单位，构建形成若干相对独立的供电区域，每个L2网格应包含有1～3组中压配电网典型接线馈线组；

（2）规划方案的编制应以现状诊断分析及负荷预测为基础，充分与城市总体规划融合，提升规划方案落地性，实现电网建设与城市发展的协调统一；

（3）中压配电网规划应进一步贯彻落实"由远及近、远近结合"的规划思路，以目标网架为指导，合理安排建设项目，避免大拆大建，确保现状电网向目标网架的平稳过渡；

（4）中压配电网规划应采用标准接线模式，接线模式的选取应清晰明了，且满足配电网不同发展水平下的差异化建设需求；

（5）规划方案的制定应与配电网实际建设需求相结合，合理统筹建设改造投资，通过精细化规划逐步提升配电网的运行经济性及资产效益。

2. 供电安全准则

中压配电网规划应遵循供电安全准则，具体内容如表8-1所示。

表8-1　中压配电网供电安全准则

供电区域	供电安全准则
A+、A、B	应满足 $N-1$
C	宜满足 $N-1$
D	可满足 $N-1$
E	不做强制要求

注　"满足 $N-1$"指中压配电网发生 $N-1$ 停运时，非故障段应通过继电保护自动装置、自动化手段或现场人工倒闸尽快恢复供电，故障段在故障修复后恢复供电。

为满足中压配电网安全准则，规划过程中需对中压线路的最高允许负载率进行测算，其计算公式为

$$T = \frac{P-M}{P} \times 100\%$$

式中　T——线路负载率，%；

　　　P——对应线路安全电流限值的线路容量，kVA；

　　　M——线路的预留备用容量，kVA。

8.2　中压配电网设备选择

8.2.1　中压配电线路选择

1. 导线选择原则

（1）导线截面应根据负荷发展水平、线路全生命周期成本综合确定；

（2）同一规划区的导线选型应标准化、系列化，主干线、分支线、接户线截面宜分别一致。

2. 中压线路供电距离

中压配电网线路的供电距离应满足末端电压质量的要求，其供电半径推荐范围如表 8-2 所示。

表 8-2　中压线路供电半径推荐表

供电分区	A+、A	B、C	D	E
供电半径	10kV：3km 20kV：6km	6km	15km	应根据需要经计算确定

3. 中压线路选型

线路选型应满足供电区负荷发展需求，且主干、分支线路的供电能力应相互匹配，避免"卡脖子"问题出现。推荐选型标准如表 8-3、表 8-4 所示。

表 8-3　中压架空线路导线截面推荐表

供电分区	主干线（mm²）	次干线（mm²）	分支线（mm²）
A+、A、B、C	240、185	185、120	120、70
D、E	185、120	120、70	50、70

表 8-4　中压电缆截面推荐表

类型	供电分区	主干线（mm²）	分支线（mm²）
10kV 电缆线路	A+、A、B、C	400、300、240	120、70
20kV 电缆线路	A+	300	120

8.2.2 中压配电变压器选择

配电变压器容量的确定应考虑用户设备用电需求、负荷特性、用电同时率等影响因素；对于用电季节性较强或负荷分散的用户，可通过适当增加变压器台数、降低单台配电变压器容量的方式提高运行灵活性，缓解配电网在负荷低谷时段的运行经济性问题。配电变压器容量的计算公式如下

$$S = \frac{P_{\max}}{\cos\varphi \times I_e}$$

式中　S——配电变压器容量选取参考值，kVA；

　　$\cos\varphi$——功率因数；

　　I_e——配电变压器经济运行负载率；

　　$P_{\max}$——配电变压器供带的最大负荷，kW。

配电变压器应选择小型化、低噪声变压器，其额定容量推荐情况如表 8-5 所示。

表 8-5　中压配电网配电变压器额定容量推荐表

电压等级	油浸式配电变压器	干式配电变压器
10kV	不大于 630kVA	不大于 1250kVA
20kV	宜采用 630、1000kVA	宜采用 1000、1250、1600kVA

注　B 类以上负荷密度较大供电区，经论证后干式配电变压器容量可选 1600kVA。

8.2.3 开关站、配电站型式选择

1. 开关站、配电站选型原则

（1）配电站宜深入负荷中心，以提高供电质量，降低线损；

（2）公用开关站和配电站应作为市政建设、改造的配套工程，与市政建设同步进行；

（3）公用开关站、配电站应独立设置，条件受限时可附设于其他建筑物内，但不应设在建筑物地下负层，同时应避免设置于地势低洼处；

（4）箱式变电站仅限用于配电室建设改造困难的情况，如不具备扩容改造场所等，以及施工用电、临时用电等，单台变压器容量不宜超过 500kVA。

2. 开关站、配电站建设型式选择

开关站、配电站推荐建设型式如表 8-6 所示。

表 8-6　开关站、配电站型式推荐表

供电分区	A+类	A类	B类	C类	D类	E类
配电站型式	室内配电站 箱式配电站	室内配电站 箱式配电站	室内配电站 箱式配电站 台架配电站	室内配电站 台架配电站 箱式配电站	台架配电站 室内配电站	台架配电站
开关站型式	户内开关站、户外开关站					—

8.2.4　柱上开关选择

架空线路柱上开关的选择应遵循如下原则：

（1）线路分段、联络开关宜选择负荷开关；长线路后段（超出变电站过流保护范围）、较大分支线路首端及用户分界点处可选择断路器；

（2）开关的遮断容量应与上级 10kV 母线相协调；

（3）规划实施配电自动化的地区，开关性能及自动化原理应一致，并预留自动化接口。

8.3　中压配电网网络规划

8.3.1　中压配电网规划的主要流程

在明确供电网格划分结果，确定现状电网诊断分析、负荷预测、高压配电网规划方案的基础之上，中压配电网网格化规划主要包含六个流程，具体说明如下：

1. 确定规划区典型接线模式

以供电网格现状电网建设水平为基础，结合规划区负荷密度水平及供电可靠性需求，选取典型接线模式。

2. 优化调整 L1、L2 供电网格划分结果

依据所选典型接线模式的供电能力，以 L2 供电网格 1～3 组典型接线为标准，依次对 L2、L1 供电网格的划分结果进行校核优化，直至各网格均满足划分标准。

3. 确定中压配电网目标网架

根据网格内负荷分布预测结果，以所选典型接线模式，结合规划区现状电网、交通路网、站址廊道等基础条件，构建配电网目标网架。

4. 确定中间年过渡方案

参照目标网架规划结果，结合典型接线过渡方案，遵循"由远及近、远近结合"的规划思路，在中间年负荷预测结果的基础之上，逐步确定各供电网格的中间年网架过渡方案。

5. 确定近期年规划项目库

以问题为导向，结合近期年负荷预测及用户报装结果，规划编制近期年配电网建设改造方案，合理安排项目建设时序。配电网近期规划年限一般为 1～3 年。

6. 规划方案校核与优化

根据编制确定的规划建设方案，逐一从供电能力、可靠性水平、运行经济性、建设投资等维度，对规划成效进行量化分析，校核优化建设改造项目，确保规划方案满足区域社会经济及生产生活的发展需要。

8.3.2　目标网架规划原则

（1）目标网架规划应在饱和负荷预测的基础上，结合现状电网、电力需求水平、上

级电源规划情况，以供电网格为基本单元，构建区域饱和年目标网架，用户专线与专变的接入方案应与目标网架规划相适应。

（2）目标网架规划应满足供电可靠、运行灵活、降低网损的要求，各电压层级配电网规划方案应相互匹配、强简有序、相互支援，以实现技术经济性整体最优。

（3）规划方案应包括网架接线模式、线路路径、建设型式、工程量估算等内容，方案的制订应充分考虑供电能力、负荷转供、间隔统筹、设备选型、用户接入、廊道预留等因素，经多方案寻优以确保目标网架的科学性和合理性。

（4）目标网架规划方案、设备选型等均应符合国家、行业及企业的相关标准。

8.3.3　过渡网架改造原则

（1）网格规划改造投资应与供电企业的总体投资策略相一致，宜分批实施。

（2）负荷发展成熟网格中，对于已形成标准接线的网格，以现状问题为导向，按照改造量最少的原则逐步向目标网架过渡，可暂时保留原有接线模式；对于网架结构复杂、尚未形成标准接线的区域，在固化线路运行方式的基础上，应确定各类联络点的作用和性质，依照网格内现状电网问题评价结果，结合投资能力，宜一次性完成目标网架改造。

（3）负荷快速发展网格中，在固化现有运行方式的基础上，应确定各类联络点的作用和性质，结合变电站资源、用户用电时序、市政配套管网建设情况、设备利用率等因素，遵照投资最优、避免重复建设的原则，逐步向目标网架过渡。

（4）负荷发展不确定网格中，对于市政规划暂不明确且无法确定负荷增长情况的区域，应首先固化线路运行方式，确定各类联络点的作用和性质，之后按照现状电网问题评价结果，对突出问题进行处理，并结合负荷发展情况，逐步构建规划区内目标接线。

（5）针对规划改造类项目，应基于对网格内网架、设备及运行情况的量化分析，对现状问题严重程度突出的网格优先安排改造项目；改造项目的优选应基于资产全寿命周期管理评价结果（Life Cycle Asset Management，LCAM），综合考虑项目风险、绩效和成本，合理安排项目建设时序。

8.3.4　网架结构选择

1. 基本原则

（1）各 L1、L2 供电网格正常运行情况下，中压配电网线路不交叉、不重叠，分区供电范围应随负荷增长及新增高压配电网变电容量而进行实时优化。

（2）对于供电可靠性要求较高的区域，应适度加强中压主干线之间的联络，在分区之间构建负荷转带通道。原则上，同一馈线组联络数不超过 4 回。

（3）中压电缆线路可采用环网结构，环网单元通过环进环出方式接入主干网。主干环网节点不宜超过 6 个，且不宜从电缆环网节点处再次派生小型环网。

（4）中压架空线主干应根据线路长度和负荷分布情况进行分段（不宜超过5段）并装设分段开关，重要分支线路首端应安装分界开关。

2. 网架结构选择

中压配电网典型接线方式选择情况如表8-7、表8-8所示，典型接线示意图详见附录C。

表8-7　10kV配电网网架结构接线推荐表

供电分区	过渡接线	目标接线
A+	电缆：2−1单环网 两供一备	电缆：N−1单环网（N=2,3） N供一备（N=2,3） 开关站式双环网
A	电缆：2−1单环网 两供一备 架空：N分段n联络（N≤5，n≤3）	电缆：N−1单环网（N=2,3） N供一备（N=2,3） 开关站式双环网 架空：N分段n联络（N≤5，n≤3）
B	电缆：单辐射 2−1单环网 两供一备 架空：N分段n联络（N≤5，n≤3）	电缆：N−1单环网（N=2,3） N供一备（N=2,3） 独立环网式双环网 架空：N分段n联络（N≤5，n≤3）
C	电缆：单辐射 2−1单环网 两供一备 架空：单辐射 N分段n联络（N≤5，n≤3）	电缆：N−1单环网（N=2,3） N供一备（N=2,3） 架空：N分段n联络（N≤5，n≤3）
D	架空：N分段n联络（N≤5，n≤3） 单辐射	架空：N分段n联络（N≤5，n≤3） 单辐射
E	架空：单辐射	架空：单辐射

表8-8　20kV配电网网架结构接线推荐表

供电分区	过渡接线	目标接线
A+	2−1单环网 两供一备	双环网 3−1单环网 N供一备（n=2,3）、"花瓣"型接线

8.3.5　规划方案校验

为保证网格化规划成果的合理性及可实施性，需进一步对规划方案进行校核，具体校核内容说明如下：

1. 上下级电网协调校验

计算变电站出线间隔利用率、单台主变压器出线回数、下级电网对主变压器N−1及变电站全停的负荷转带比例。

2. 供电能力校验

以L2供电网格为单位计算目标网架10kV公用线路平均负荷、线路平均负载率数值，综合对比接线模式，校验目标网架供电能力。

3. 转供能力校验

以供电网格为单位计算目标网架 10kV 公用线路转供水平、N−1 通过率。

4. 存量资产利用效率校验

以供电网格为单位，计算目标网架中存量资产利用率数值。

5. 可靠性校验

以供电网格为单位，计算目标网架供电可靠率数值。

6. 重要用户供电保障校验

排查重要用户的供电电源数量，以校验目标网架对重要用户供电的保障水平。

7. 电力廊道校验

核查规划区廊道资源情况是否满足目标网架建设需求。

第9章 低压配电网规划

低压配电网承担了绝大多数电力用户的供电任务，因此其网络建设水平对区域配电网供电可靠性及运行经济性具有深远的影响作用。由于低压配电网系统规模极为庞大，难以同高中压配电网一样进行详实的规划方案编制，因此目前较为常见的低压配电网规划方法多以直接引用标准化典型设计方案为主。

9.1 低压配电网规划的基本原则

（1）结构应简单安全，宜采用以配电站为中心的放射型接线方式。

（2）双配电变压器配电站中，两台配电变压器的低压母线间应装设联络开关，变压器低压进线开关与母线联络开关设置可靠的联锁机构。

（3）低压配电网应以配电站供电范围实行分区供电。低压架空线路可与中压架空线路同杆架设，但不应跨越中压分段开关区域。

（4）自配电变压器低压侧至用电设备之间的配电级数不宜超过三级。

（5）负荷接入低压配电网时，应使三相负荷平衡。

（6）为居民住宅小区、医院、学校、商场以及政府机构等用户供电的公用台区，低压开关柜宜根据供电可靠性要求，设置应急发电车接入的低压开关或接线柜并加装快速接入装置，满足应急电源快速、正确接入。

9.2 低压配电网设备选择

1. 导线选择原则

（1）低压配电网应有较强的适应性，主干线宜按规划一次建成。

（2）配电变压器低压出线回路宜为 2～8 回，宜采用单母线接线方式，低压进线断路器不宜设置失压脱扣器。

（3）低压架空线路宜采用绝缘线，架设方式可采用分相式或集束式；同一配电变压器供电的多回低压线路可同杆架设。

2. 低压线路供电距离

低压配电线路供电距离应满足末端电压质量要求，宜按表 9-1 的要求控制距离。

3. 低压线路选型

低压配电网线路应有较强的适应性，主干型号应一次选定，且导线截面选择应系列化，同一规划区内主干导线截面不宜超过 3 种。同时，低压中性线与相线截面宜相同。各类供电区低压配电网主干线导线截面选取参照表 9-2 所示。

表 9-1   低压配电线路供电距离推荐表

供电分区	供电半径（m）
A+、A	200
B	250
C	400
D	500
E	应根据需要经计算确定

表 9-2   低压线路导线截面推荐表

线路类型	供电区分类	主干线（mm²）
电缆线路	A+、A、B、C类	≥120
架空线路	A+、A、B、C类	≥120
	D、E类	≥50

注　1　表中推荐架空线路为铝芯，电缆线路为铜芯。电缆线路也可采用相同载流量的铝芯，采用铝芯电缆时，
　　　　应符合现行国家标准 GB 50217—2018《电力工程电缆设计规范》的相关规定。
　　2　A+、A、B、C类供电区域宜采用绝缘导线。

4. 低压配电装置

（1）应随配电变压器配套建设监测单元（TTU）装置，并具备信息采集、设备运行状态监测、智能控制与通信等功能。

（2）为居民住宅小区、医院、学校、商场以及政府机构等用户供电的公用台区，低压开关柜应设置应急发电车接入的低压开关或接线柜并加装快速接入装置，满足应急电源快速、正确接入。

（3）低压接入容量原则上不超过 200kVA，因容量不足导致接入受限时，应同步进行增容改造。

（4）低压配电网采用电缆线路的要求原则上与中压配电网相同，可采用排管、沟槽、直埋等敷设方式。穿越道路时，应采用抗压力保护管。

9.3   低压配电网网络规划

低压配电网结构应简单安全，宜采用以配电站为中心的放射型接线方式建设。低压配电网规划包含三部分内容，即供电制式的确定、接地方式的选择以及接线模式的确定。

9.3.1   低压配电网供电制式

低压配电网的供电制式主要有单相两线制、三相三线制和三相四线制，具体情况如表 9-3 所示。

低压线路主干线、次主干线和各分支线的末端零线应进行重复接地。三相四线制接线户在入户支架处，零线也应重复接地。

表 9-3　低压配电网供电制式

供电制式	接线方式示意图	适用范围
单相两线制	(接线示意图)	一般单相负荷用电
三相三线制	(接线示意图)	三相电动机专用
三相四线制	(接线示意图)	农村、城镇一般低压配电网

9.3.2　低压配电网接地型式

国际电工委员会（IEC）标准规定的低压配电网系统接地型式有三种，分别为 TN、TT、IT 系统，其中 TN 系统可以进一步区分为 TN-C、TN-S、TN-C-S 方式。用户应根据设备特性、运行环境等正确选择接地系统。

1. 接地型式表达方式的含义

（1）第一字母表示电源端与地的关系：T 为电源端有一点直接接地；I 为电源端所有带电部分不接地或有一点通过阻抗接地。

（2）第二个字母表示电气装置的外露可导电部分与地的关系：T 为电气装置外露可导电部分直接接地，此接地点在电气上独立于电源端的接地点；N 为电气装置的外露可导电部分与电源端接地有直接电气连接。

（3）横线后的字母用来表示中性导体与保护导体的组合情况：S 为中性导体和保护导体是分开的；C 为中性导体和保护导体是合一的。

2. 接地型式的选择

低压配电网建设可根据用户实际情况进行接地系统的选择，具体说明如下。系统示意详见图 9-1～图 9-5。

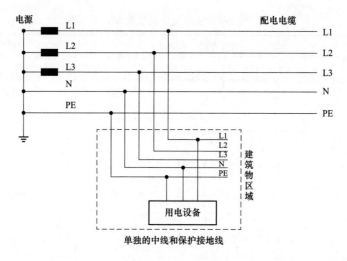

图 9-1　TN-S 系统

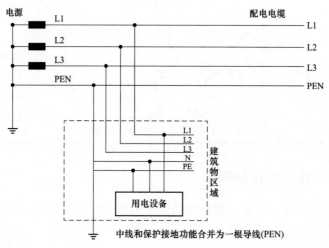

图 9-2　TN-C 系统

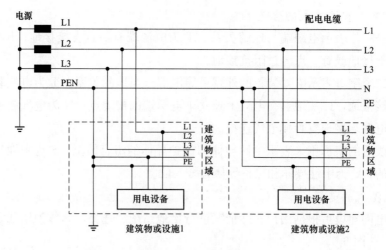

图 9-3　TN-C-S 系统

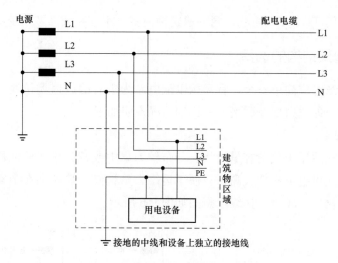

图 9-4 TT 系统

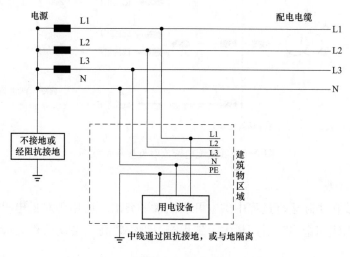

图 9-5 IT 系统

（1）TN-C 系统安全水平较低，对信息系统和电子设备易产生干扰，可用于有专业人员维护管理的一般性工业厂房和场所，一般不推荐使用。

（2）TN-S 系统适用于设有配电站的公共建筑（如医院、厂房），单相负荷比较集中的场所，数据处理、半导体整流设备和晶闸管设备比较集中的场所，科研办公楼，通信单位以及一般住宅、商店等民用建筑的电气装置。

（3）TN-C-S 系统宜用于不附设配电站的上述（2）中所列场所的电气装置。

（4）TT 系统适用于不附设配电站的上述（2）中所列场所的电气装置，尤其适用于无等电位联结的户外场所，例如户外照明、户外演出场地等。

（5）IT 系统适用于不间断供电要求高且对接地故障电压有严格限制的场所，如应急电源装置、消防、矿井电气装置、胸腔手术室以及有防火防爆要求的场所。

（6）同一配电变压器、发电机供电范围内 TN、TT 系统不能和 IT 系统兼容；分散建筑物可分别采用 TN、TT 系统；同一建筑物内宜采用 TN 或 TT 系统中的一种。

9.3.3　网架结构的选择

低压配电网结构应简单安全，宜采用以配电站为中心的放射型接线方式，具体接线方式可分为两种，即放射型及联络型。详细情况说明如下。

1. 放射型接线

此种接线方式适用于负荷容量较大、分布较为集中或较为重要的低压用户。其优点在于此种接线方式供电可靠性较高，且便于运维人员检修；缺点则在于实际施工建设过程中线路金属耗材用量较大。接线示意图如图 9-6 所示。

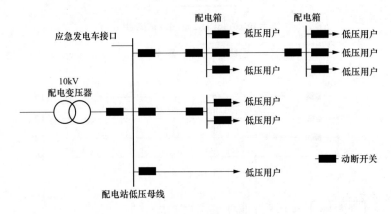

图 9-6　低压配电网放射型接线示意图

2. 联络型接线

联络型接线在实际运行过程中供电可靠性水平突出，适用于对供电可靠性要求高的区域；缺点同为线路金属耗材用量大、工程施工投资较高。接线示意图如图 9-7 所示。

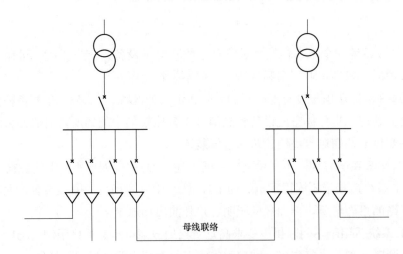

图 9-7　低压配电网联络型接线示意图

第 10 章　配 电 网 无 功 规 划

为了确保电压波动限定在允许偏差范围内，保持系统在高峰及低谷时无功功率平衡，同时保证系统在一定故障情况下仍有无功电力备用来维持电压的稳定和系统的正常运行，由此所开展的计算分析及规划工作即称为无功规划。通常无功补偿装置的配置与系统结构、网络参数、地区无功缺额和用户对电压的要求等具体情况有关，因此无功规划应结合技术分析与方案经济性比较后综合确定。

10.1　无功负荷、无功电源及其运行特性

10.1.1　无功负荷

电力系统无功负荷主要由异步电动机、变压器和线路无功损耗以及串并联电抗器等组成。

（1）无功负荷的静态特性，即电力系统电压（频率）缓慢变化引起用户或电力系统无功负荷相应变化的关系。

（2）无功负荷的确定。通常借助于无功负荷对有功负荷的比值来确定，即自然无功负荷系数 K 来确定。K 值大小与负荷构成、电网结构、运行电压有关。根据国内电力系统相关资料可知，规划区系统电压正常情况下，K 值一般取 $1\sim1.3$。

10.1.2　无功电源

无功电源包括发电机、线路充电功率（一般只计 110kV 及以上架空线路和 35kV 及以上的电缆线路）、供电企业和用户的无功补偿设备。

（1）同步发电机。发电机是主要无功电源之一，在向系统送出有功功率的同时也送出无功功率。

（2）调相机。调相机在过励磁运行工况时为无功电源，向系统输送无功功率（容性运行）；当欠励磁运行工况时，相当于电抗器，消耗系统无功功率（感性运行）。调相机感性运行的最大容量一般为容性的 50%。

（3）线路充电功率。线路运行时既是无功负荷也是无功电源，其无功功率与运行电压的平方成正比，其消耗的无功电能与导线电流的平方成正比。

（4）并联电容器。为电力系统中主要的无功电源，其出力与端子的运行电压平方成正比。

（5）静止无功补偿器（SVC）。由电容器和电抗器组合而成的补偿设备，其中电容器部分一般分为数组，投切方式分为断路器投切电容器组（MSC）或晶闸管投切电容器组（TC）。

10.2　无功负荷估算及无功平衡

10.2.1　无功负荷估算

1. 按无功功率估算

根据自然无功功率因数以及系统对其功率因数的要求进行无功负荷统计，即依据用户自然功率因数或各变电站二次母线的自然功率因数，通过网络计算可求得（自然功率因数是指用电设备未采用无功补偿措施之前的功率因数）无功负荷。当用户在规定的电网高峰时刻自然功率因数未达到规定标准的，需进行补偿。

2. 按无功功率与有功功率之比估算

根据电网实际运行资料，计算最大无功负荷与最大有功负荷的比值，称为最大自然无功负荷系数，用 K 表示。

$$K = \frac{Q_G + Q_R + Q_C + Q_L}{P_G + P_R}$$

式中　P_G、Q_G——发电机的有功出力和无功出力；

　　　P_R、Q_R——邻网输入（输出）的有功功率和无功功率；

　　　Q_C、Q_L——实际投运的无功补偿设备总出力和线路充电功率。

计算最大自然无功负荷时，应按全年不同季节及运行方式下、最大无功负荷对应自然无功负荷系数 K 值的平均值确定。此方法估算结果接近实际，计算简单。最大自然无功负荷系数 K 的取值如表 10-1 所示。

表 10-1　无功负荷系数指标表

电压序列	电压等级（kV）			
	220	110	35	10
	最大自然无功负荷系数 K(kvar/kW)			
220/110/35/10	1.25~1.4	1.1~1.25	1.0~1.15	0.9~1.05
220/110/35/10	1.15~1.3	1.0~1.15	—	0.9~1.05

10.2.2　无功平衡

无功平衡即系统所有无功电源发出的无功功率与系统的无功负荷相平衡。为了保证电网安全可靠运行，系统应具有一定的无功备用，其计算公式为

$$Q_{by} = \sum Q_1 - \sum Q_2$$

式中　$\sum Q_1$——所有无功电源之和；

$\sum Q_2$——所有无功负荷及损耗之和；

Q_{by}——无功备用。

最大负荷方式和最小负荷方式的无功平衡，应按下式分别计算：

最大负荷方式：$S_C = Q_2 - Q_1 + Q_{by}$

最小负荷方式：$S_{HR} = Q_1 - Q_2 + Q_{by}$

式中　S_C——电容器必要的设置容量；

　　　S_{HR}——电抗器必要的设置容量。

无功平衡计算时，应考虑新增无功电源和原有无功电源及无功负荷的季节性变化情况。

（1）110kV 及以下电网的最大自然无功负荷，可按下式计算。

$$Q_{max} = KP_{max}$$

式中　Q_{max}——电网最大自然无功负荷，kvar；

　　　P_{max}——电网最大有功负荷，kW；

　　　K——电网自然无功负荷系数。

（2）110kV 及以下电网的容性无功补充设备总容量，可按下式计算。

$$Q_C = 1.15Q_{max} - Q_G - Q_R - Q_L$$

式中　Q_C——容性无功补偿设备总容量；

　　　Q_{max}——电网最大自然无功负荷；

　　　Q_G——本网发电机的无功功率；

　　　Q_R——主网和邻网输入的无功功率；

　　　Q_L——线路和电缆的充电功率。

（3）电网的无功补偿水平用无功补偿度表示，可按下式计算。

$$W_B = \frac{Q_C}{P_{max}}$$

式中　W_B——无功补偿度，kvar/kW；

　　　Q_C——容性无功补偿设备容量，kvar；

　　　P_{max}——最大有功负荷（或装机容量），kW。

无功平衡时，应考虑负荷增长及电网运行方式变化，保留一定的裕度。

10.3　无功补偿

10.3.1　无功补偿的设计原则

（1）无功补偿分层、分区就地平衡原则。电力系统的无功电源与无功负荷，在高峰或低谷时都应采用分层（电压）和分区（供电区）基本平衡的原则进行配置和运行，就地补偿便于调整电压，并应具有灵活的无功电力调节能力与检修备用，以保证系统各枢纽电压正常运行和事故后均能满足规定要求。

（2）无功备用安排的原则。电力系统应配有事故状态下的无功电力备用，以保证负荷集中地区在事故或检修情况下失去某台大容量无功补偿设备时，仍可保持系统电压稳定和正常供电。

（3）无功补偿设备选择的原则。无功补偿设备的配置与设备类型选择应进行技术经济比较后确定。无功补偿装置首选投资省、损耗小、分组投切的并联电容器组和低压并联电抗器组；对于大容量枢纽变电站或有抑制闪变、限制过电压等特殊技术要求的变电站，则可考虑采用调相机、静止补偿装置或静止调相机。

（4）线路充电功率较高地区，应考虑配置适当容量的感性无功补偿装置。

（5）大用户应按电力用户功率因数要求配置无功补偿，并不得倒送无功。

（6）在配置无功补偿装置时应考虑谐波治理措施。

10.3.2 无功补偿设备选型

1. 调相机、静止无功补偿器、电容器电抗器组的选型

并联无功补偿设备一般分为三类，即调相机、静止无功补偿器、并联电容器电抗器组合，其中：调相机在系统事故时，可快速反应维持系统稳定，但其工作时具有机械惯性，因此其设备摆动可能对系统稳定性产生不利影响，故其实际应用时需通过分析测算后确定；静止无功补偿器特性与调相机相同，且具有电容器补偿装置相同的优点，单位造价与调相机相当，冶金行业应用广泛；并联电容器电抗器组投资省、电能损耗小、维护简单、建设工期短，一般情况下，应首选其作为无功补偿设备。

综上所述，静止无功补偿器和调相机具有快速补充无功容量、维持系统稳定的特性，但其提高能力仅为30%左右，因此选用上述两种设备时需做经济性论证。当技术经济性合理时，下述四种情况可采用调相机或静止无功补偿器：

（1）长距离送电线路，中间需电压支持，以提高系统稳定性时；

（2）母线电压受负荷影响变化频繁，幅值小但影响其他用户供电质量时；

（3）母线带有冲击负荷，无功变化幅值高、速率快，需保持供电电压时；

（4）受端系统具有稳定需要时。

2. 高压电抗器和低压电抗器选型

两者相比，低压电抗器单位投资小，运行中可根据无功平衡情况灵活投切分组设备。因此一般情况下应首选低压电抗器，存在下列情况时可考虑装设高压电抗器：

（1）在正常、一重非正常和一重故障运行情况下，线路断路器变电站侧和线路侧的工频过电压分别超过网络最高相电压的1.3倍和1.4倍时；

（2）当单回线发生瞬间接地故障需采用快速单项重合闸保持系统稳定时；

（3）系统同期并列操作需要时；

（4）防止发电机自励磁需要时；

（5）发电厂因无功平衡需要，而又不便装设低压电抗器时。

10.3.3 无功补偿容量配置

（1）110～35kV 变电站宜在变压器低压侧配置自动投切或动态连续调节无功补偿装置，总容量宜按主变压器容量的 10%～30% 配置或经计算确定，使变压器高压侧功率因数在负荷高峰时达到 0.95 及以上；对于分组投切的电容器，可根据低谷负荷确定电容器的单组容量，以避免投切振荡。

（2）配电站无功补偿容量应通过计算确定，一般宜按变压器最大负载率为 75%、负荷自然功率因数为 0.85 考虑，补偿后变压器低压侧功率因数不应低于 0.9。当不具备计算条件时，可按配电变压器容量的 20%～40% 配置。

（3）当低压用电设备自然功率因数能满足负荷高峰时，中压侧功率因数 0.95 及以上，在配电站低压侧可不设置无功补偿装置，但低谷时不应向系统倒送无功。

第11章　智　能　化　规　划

智能技术贯穿了电力系统各个环节，是推动能源革命的重要手段，是构建清洁低碳、安全高效现代能源体系的核心，是支撑智慧城市发展的基石。国家发改委、能源局印发的《关于促进智能电网发展的指导意见》指出，智能电网是在传统电力系统基础上，通过集成新能源、新材料、新设备和先进传感技术、信息技术、控制技术、储能技术等新技术，形成的新一代电力系统，具有高度信息化、自动化、互动化等特征，可以更好地实现电网安全、可靠、经济、高效运行。

11.1　配电网智能化基本原则

（1）智能配电网的内涵是应用先进的传感器，结合先进的通信技术和计算机技术，实现"云大物移智"技术的深度融合，构建柔性、自愈、透明的电网结构，实现配电网的可观、可测、可控以及智能分析和决策，降低设备故障率、优化资产利用、提高运维质量和效率，适应各类新能源的灵活接入，提升电网优质服务和互动能力，建成更加安全、可靠、绿色、高效的配电网。

（2）配电网网格化规划应结合智能电网发展需求，积极推动智能技术在智能作业、状态监测、智能装备、智慧运行指挥等方面的应用，有序提升电网智能化水平，构建安全、可靠、绿色、高效的智能电网，有效提升生产效率及可靠性水平。

（3）智能电网信息化建设应遵循国家、行业的相关规定，充分利用开放、标准的信息交互总线，实现规划设计、运维检修、营销服务等系统之间的信息交互，实现数据源端唯一、信息全面共享、工作流程互通、业务深度融合。

11.2　配电自动化

配电自动化是以一次网架和设备为基础，运用计算机、信息及通信技术，通过多系统信息集成，实现对配电网的监测、控制和快速故障隔离，为配电网安全、可靠、优质、经济、高效的建设目标实现提供技术支持。

1. 规划建设总体原则

（1）应以提高供电可靠性、改善供电质量、提升运行管理水平和供电服务能力为目的，根据规划区配电网现状及发展需求，分区域、分阶段实施。

（2）应以"简洁、实用、经济"为原则，综合考虑经济发展、网架结构、设备水平、运维管理等，通过综合投资效益分析，合理选择建设模式。

（3）应纳入配电网整体规划，按照设备全生命周期管理要求，充分利用已有设备资源，结合一次网架建设改造逐步实施。

（4）应充分利用现有的通信资源和终端资源，综合考虑配电自动化及其他业务需求统一规划。

2. 体系结构

配电自动化主要采用配电主站、配电终端和通信通道构成的二层体系架构，其中配电主站宜采用"集中采集、分区应用"模式，即在市（州）供电企业调控中心部署，集中采集、处理所有配电网设备的运行状况；在县（区）供电企业部署远程工作站，实时监控配电网设备的运行状况。

3. 配电主站

配电主站应实现数据采集与监控（配电 SCADA）和馈线自动化等基本功能，在基础数据满足应用需求后可逐步扩展配置分析应用、配电网智能化等功能。

主站系统的设备、模型参数及网络拓扑等应具备由配电 GIS 系统导入的能力，确保设备参数模型的唯一性和网络拓扑的正确性。主站还应通过运行信息交互总线实现与调度自动化、计量自动化、配电网 GIS、生产管理、营销管理等系统的应用集成，扩大信息覆盖范围，促进自动化信息综合利用。

4. 站点建设模式

按照业务需求的不同，自动化建设模式分为运行监测型和控制型，其中：运行监测型以及时定位故障，监视运行状态为主，故障隔离与复电需人工现场操作，建设成效有限；控制型以实现故障快速隔离与复电为主，在高可靠性需求区域应用广泛，亦是未来自动化建设的主要方向。本书着重介绍控制型自动化模式。

（1）控制型建设模式工作原理。

控制型进一步分为集中型、就地型两种模式，实施时可二者结合。就地控制型分为智能分布式、就地重合式和级差保护式三种，其中智能分布式根据保护原理进一步分为纵差保护和网络拓扑保护。各类模式工作原理如表 11-1 所示。

表 11-1　各控制型配电自动化工作原理

控制型模式分类			工作原理
集中控制型			主站通过快速收集配电终端信息，判断电网运行状态，集中进行故障识别、定位，并根据故障处理策略自动完成故障隔离和非故障复电
就地控制型	智能分布	纵差保护	通过配电终端或保护装置间相互通信实现馈线自动化功能，以纵差保护为主实现故障隔离和非故障复电，并可依需将处理结果上报主站
		网络拓扑保护	通过配电终端或保护装置间相互通信实现馈线自动化功能，以网络拓扑保护为主实现故障隔离和非故障复电，并可依需将处理结果上报主站
	就地重合		故障时通过变电站出线开关与线路上自动化开关间的逻辑配合实现馈线自动化，实现故障就地识别、隔离和非故障线路复电。技术手段包括电压-时间逻辑配合、电压-电流-时间配合等
	级差保护		故障时，通过变电站带电流保护的出口开关与分段断路器或分支线路断路器间的电流保护配合实现馈线自动化功能。应用此模式应充分考虑各级保护的时间配合，保证电流保护的选择性

（2）控制型建设模式技术特点。

设备要求方面，纵差保护原理智能分布式对设备的配置要求最高，必须采用"全断路器＋智能终端＋光纤通道"方式。各模式设备配置要求如表11-2所示。

表11-2　各控制型配电自动化的设备配置要求对比

控制型模式		开关设备	终端设备	通信通道
集中控制型		负荷开关或断路器可混用；选点建设	具备通信功能、故障告警功能和三遥功能的终端	优先光纤专网；无线公网作为补充
就地控制型	智能分布 纵差保护	全断路器；须主干线全部建设	具备相互通信功能、继电保护功能和三遥功能的终端	光纤网＋点对点光纤
	智能分布 网络拓扑保护	负荷开关或断路器，可混用；可选点建设	具备相互通信功能、继电保护功能和三遥功能的终端	光纤专网
	就地重合	电流型、电压型或电流电压混合型配电自动化开关；可选点建设	具备通信功能、二遥功能的终端	无线公网或光纤专网
	级差保护	断路器；须选点建设	具备通信功能、二遥功能的终端	无线公网或光纤专网

客户体验方面，纵差保护原理智能分布式客户体验最佳，可做到故障设备精准切除，复电时间可达毫秒级。各模式客户体验对比情况如表11-3所示。

表11-3　各控制型配电自动化的客户体验对比

控制模式		复电时间	停电感知	停电影响范围
集中控制		全自动方式为秒级，半自动方式为分钟级	全线均有	与终端布点密度相关，密度越高，隔离越精准，停电影响范围越小
就地控制型	智能分布 纵差保护	毫秒级	合环运行全线零感知，开环运行故障点下游感知	仅隔离故障区段线路或设备，隔离精准，停电影响范围最小
	智能分布 网络拓扑	毫秒级，略高于纵差保护	全线均有	与终端布点密度相关，密度越高，隔离越精准，停电影响范围越小
	就地重合	分钟级	故障点上游可能有多次感知	与终端布点密度相关，密度越高，隔离越精准，停电影响范围越小
	级差保护	毫秒级	故障点下游有感知	站外级差极为有限，仅能对线路二、三分段，隔离精度差；故障点下游无法转电复电，停电范围最大

运维及可扩展性方面，集中控制型运维要求最低，可扩展性最佳。详细对比如表11-4所示。

（3）站点建设模式选择原则。

1）供电可靠性要求高、通信通道满足遥控要求且开关设备具备电动操作机构的配电线路，可采用集中型全自动方式；

表 11-4　各控制型配电自动化运维及可扩展性特点对比

控制型模式			运维要求	可扩展性
集中控制型			保护仅起告警作用，不出口跳闸，保护定值无需上下级配合，对运维人员无定值整定计算技能要求	可扩展性好，在线路任意位置增加终端节点，无需更改已有节点配置
就地控制型	智能分布	纵差保护	涉及纵差保护、后备保护、备自投等多种保护整定，对继保技术要求高	线路主干新增节点时，需同步更改新增节点上下游相邻节点的终端配置
		网络拓扑	涉及纵联保护（或其他原理主保护）后备保护、备自投等多种保护整定，对继保技术要求高	线路主干新增节点时，需同步更改新增节点上下游相邻节点终端配置
	就地重合		涉及电压型开关设备的多级配合，对人员继保技术具有一定要求	在线路主干线新增节点时，需要重新整定计算全线已有节点定值
	级差保护		涉及电流保护的配合整定，对人员继电保护技术技能具有一定要求	可扩展性差，级差不足时，无法新增分段断路器节点；新增分段断路器节点时，需重新整定全线已有节点定值

2）供电可靠性要求高，但通信通道不满足遥控要求或开关设备不具备电操机构的配电线路，可采用集中型半自动方式；

3）供电可靠性要求高、满足负荷转供电要求且开关设备具备电动操作机构，但配电主站与配电终端不具备通信通道或通信通道性能不满足遥控要求的架空配电线路，可采用就地型重合器方式；

4）供电可靠性要求高、满足负荷转供电要求且开关设备具备电动操作机构，配电终端之间具备相互通信条件的配电线路，可采用就地型智能分布式；

5）供电可靠性要求不高，故障多发的架空线路，宜采用就地型重合器方式；

6）配置断路器的用户馈出线及分支馈出线可采用自动分界开关方式建设，防止用户故障及分支故障影响主干线路供电可靠性；

7）对供电可靠性要求一般的配电线路宜以实现故障快速定位和故障信息自动远传功能为主。

5. 监控选点原则

应根据开关分类和所用自动化模式，合理选择监控点。每回线路关键分段开关不宜超过 3 个，应根据开关位置，及故障情况下的快速复电作用确定；重要分支开关指较长或用户数量较多支线的首个开关。具体选点原则如表 11-5 所示。

表 11-5　配电自动化监控选点原则

开关类型	集中控制型	就地控制型	运行监测
联络开关	（1）具备条件 a 时，进行三遥改造，并配置配电终端实现集中控制型馈线自动化功能；否则，应整体更换。 （2）新建的一次设备应同步配置配电自动化三遥功能	（1）具备条件 b 时，对开关进行必要改造，并配置就地控制型馈线自动化功能。否则应整体更换。 （2）新建的一次设备应同步配置就地控制型配电自动化功能	具备条件 c 时对开关进行二遥改造。否则应配置带远传功能的故障指示器

配电自动化监控选点原则 续表

开关类型	集中控制型	就地控制型	运行监测
关键分段开关/重要分支开关	（1）具备条件 a 时，进行三遥改造；否则应根据具体情况整体更换或进行二遥改造。 （2）新建的一次设备应同步配置配电自动化三遥功能	（1）具备条件 b 时，对开关进行必要的改造，并配置配电终端实现就地控制型馈线自动化功能。 （2）新建的一次设备应同步配置就地控制型配电自动化功能	

注　a：开关能够安装电动操作机构和辅助接点，且具备安装电压互感器、电流互感器、配电终端、通信设备、后备电源等必要设备的空间和接口。
　　b：开关能够安装电动操作机构和辅助接点，且具备安装电压互感器、电流互感器、配电终端、后备电源的空间和接口。采用就地型智能分布式时，还应具备通信设备的必要空间和接口。
　　c：开关能够安装辅助接点，且具备安装电压互感器、电流互感器、站所终端或馈线终端、后备电源等必要设备的空间和接口。

11.3　继电保护

开关站、配电站继电保护和自动化装置配置情况如表 11-6 所示。

表 11-6　开关站、配电站继电保护和自动装置配置表

被保护设备名称		保护配置	自动装置
配电变压器	油式≤630kVA	采用限流熔断器作为速断和过流、过负荷保护	—
	干式≤800kVA		
	油式≥800kVA	采用断路器柜，配置速断、两段过流、零序过流、过负荷、温度、瓦斯（油浸式）保护。电流速断保护不满足要求时，应采用纵联差动保护	—
	干式≥1000kVA		
中压配电线路		（1）保护装置应随断路器配置。宜采用三相电流互感器，应具备三段式过流保护、两段式零序电流保护、二次重合闸等功能。 （2）保护设在电源侧、远后备方式。 （3）双侧电源配电线路宜采用光纤电流差动保护，并配置过流保护、零序过流保护作为后备保护。 （4）双侧电源线路不宜并列运行，否则应配置光纤电流差动保护作为主保护，配过流保护、零序过流保护作后备保护。 （5）配电网环形网络运行时，应配置光纤电流差动保护，且配过流保护、零序过流保护作为后备保护。不同母线环网不宜并列运行，否则保护配置还应具备远方网络解列功能。 （6）分布式电源专线并网及上网线路，应采用光纤电流差动保护，且配过流保护、零序过流保护作为后备保护，并配置具备过/低压解列、高/低频解列功能的故障解列装置。 （7）应配置两段式零序电流保护，采用独立的闭合式零序电流互感器。在已运行的开关柜内加装零序电流互感器，可采用开口式互感器。 （8）所有电缆线路应装设过负荷保护	（1）双电源配电装置进线侧应设备用电源自投装置，工作电源断开后，备用电源动作投入，且只动作一次；但后级设备短路、过负荷、接地保护动作、电压互感器熔断时应闭锁不动作。 （2）对多路电源供电的系统，电源进线侧应设置闭锁装置，防止不同电源并列
低压配电线路		短路、过负荷、接地保护	—

注　保护信息传输宜采用光纤通道，线路电流差动保护传输通道往返应采用同一信道。

11.4　通信系统

1. 规划建设总体原则

（1）通信网络建设与改造应综合考虑配电自动化、计量自动化、智能用电、分布式电源、电动汽车充换电站（桩）等相关业务的需求，遵循"因地制宜、适度超前、统一规划、同步实施"的原则，充分提高配电网智能化水平。

（2）通信方式遵循"以光纤为主，无线公网等通信方式为辅"原则。

（3）光纤通信网应覆盖全部公变节点及三遥终端，其他业务节点可优先考虑光纤接入，不具备条件的情况下可采用无线公网。

（4）光纤通信网应优先完成三遥配电节点的接入，与配基、业扩工程等同步敷设光缆并逐步形成环网。

2. 系统构架

通信网络应分层、分区建设，光纤网络根据一次电网供电网格划分层次设置通信骨干、通信接入、本地通信三个层级；其他通信方式应根据各自技术特点和安全要求分层构建网络，并与光纤网络有效融合。

3. 技术要求

（1）配电网光纤通信网络骨干层、接入层的主要技术要求如表 11-7 所示。

表 11-7 光纤通信网络主要技术要求

层级划分	层级位置	通信方式	主要技术原则
通信骨干层	部署在 110kV 及以上变电站	光纤专网	（1）110kV 及以上变电站间采用网状或环形结构。 （2）利用主网光缆冗余纤芯，不单独敷设光缆。 （3）通信节点部署千兆级光纤以太网交换机，采用开放式三层路由协议，支持不同设备互联互通；工业以太网交换机根据配电网终端接口类型，具备以太网/IP 业务和 RS232/485 串口能力，支持 IEC 60870-5-101/104、CDT、DNP 等通信规约的透传，可选语音、视频、TDM 业务等；单台通信骨干层交换机原则上至多接入 4 个接入层子环，超过时则应新增通信骨干层交换机
通信接入层	（1）部署在中压配电站； （2）远程遥控配电站点应采用光纤通信，其他业务节点可就近接入	光纤专网	（1）各站点间采用环形结构，接入骨干层节点。 （2）光缆纤芯不少于 36 芯，单环节点总数不超过 35 个，成端位置尽量靠近一体化保护测控终端或低压配电柜。 （3）通信节点部署百兆级光纤以太网交换机，路由收敛性无法满足要求时可采用厂家私有协议组网；工业以太网交换机接入系统应具备以太网/IP 业务和 RS232/485 串口，支持 IEC 60870-5-101/104、CDT、DNP 等通信规约的透传，可选语音、视频、TDM 业务等

（2）中压电力线载波分为主载波和从载波，主载波设备安装在变电站，从载波设备安装在配电站，网络结构采用线性、树形等，并同时支持电感型和电容型两种耦合方式；单台主载波设备下挂从载波节点不宜超过 8 个。

（3）无线专网采用 TD-LTE 通信制式，频点为 230MHz 或 1.8GHz，基站安装于变电站或供电企业自有物业，通信终端安装于各配电站，信号上传至基站后通过光纤通信传输网回传到主站。

（4）无线公网采用租用移动运营商通信资源的方式，通信终端通过专用接入点名称（APN）连接到移动运营商网络，信号应通过 VPN 专线方式接入主站。

（5）本地通信层包含各配电站点内部及下游的短距离通信，应因地制宜选取低压载波、RS-485、微功率无线、无源光网络（适用于光纤入户）等方式。

4. 光纤同步建设要求

（1）光纤通信网络规划应随一次网架规划同步进行、同步建设、同步运行。

（2）配电网基建及业扩工程光纤同步建设工程原则上只建设分支层网络，如因并网需求且施工难度较低、投资相对较小，可延伸建设主干层网络。

（3）配电网基建及业扩工程应同步接入临近的配电自动化三遥点、配电变压器终端、负荷管理终端和低压集抄等业务。

（4）具备并网接入条件的光纤建设工程，应同步完成分支线缆敷设，配置交换机，实现光纤通道与业务调试同步建设、投运；如无法并网，则 A＋、A 类区域同步完成分支线缆敷设，并成端，固定在临近主干节点，配置交换机并正常可用；B 类区随线路建设同步完成预留管道建设，做好相关资源录入和运行管理；非核心区配电自动化三遥点需同步建设光纤，并接入三遥点业务。

（5）配电网应急基建项目光纤同步建设工程无法并网接入临近配电通信接入网络主干层节点，如因工程时间受限，应纳入同一年度光纤全覆盖专项工程或配电网常规基建项目完成业务并网接入。

（6）业扩用户工程应根据建设范围，同步完成至临近主干层节点的预留管道建设工作，计量终端安装调试时完成分支线缆敷设和成端工作，配置交换机实现光纤通道与业务调试同步建设、投运。不具条件时做好同步建设资源录入和运行管理工作。

11.5 计量自动化系统

计量自动化系统建设应依托其采集、计量、监测、用电分析等功能，逐步实现系统"全覆盖、全采集"，形成以户为单位的供电可靠性和电压合格率统计分析。

1. 系统构成

计量自动化系统物理层上根据部署位置分为主站、通信信道、采集设备三部分，三个物理层面之间应具备规范的通信接口。

（1）主站网络由营销系统服务器、采集服务器、相关的网络设备组成。

（2）通信信道包含系统主站与终端之间的远程和本地通信信道。

（3）集中采集设备包含安装在现场的终端及计量设备，主要包括配变监测终端、可远传的多功能电表、集中器、采集器以及电能表计等。

2. 通信信道

（1）远程通信可采用光纤信道、无线信道等方式。

（2）低压集抄层为"集中器＋电能表"形式时，本地通信采用低压载波或微功率无线通信方式；为"集中器＋采集器＋电能表"形式时，本地通信采用 EPON＋RS-485（适用于光纤入户小区）、低压载波、低压载波＋RS-485、微功率无线通信等方式；多功能电表与配变监测终端之间采用 RS-485 通信方式。

（3）配变监测终端和集中器宜采用光纤或网线连接至就近开关站或配电站。

3. 采集设备

（1）宜采用智能电表，具备实现双向计费、电能计量、需量计量、供电可靠性信息采集等功能及上传功能。

（2）配变监测终端性能及采集信息量应满足电网企业相关规定要求。具备条件时，应将采集扩展至全部低压馈线。

11.6　配电网智能技术应用

配电网智能技术应用应基于智能配电网规划，以提质增效为目标，聚焦关键生产业务，遵循标准化设计、差异化实施原则，在智能装备、现场作业、状态监测、态势感知和智慧运行等领域，推广应用"云大物移智"等智能技术与电力技术的融合，配套构建先进配电网运维策略，强化设备的管控力和管理的穿透力，提升智能化技术水平，促进电网本质安全。

1. 智能配电房

即以配电房设备为基础，综合利用自动化、智能传感及物联网技术，实现楼宇通道内设备状态的实时监测、配电环境实时监控及人身安全和火灾风险防控。

（1）建设原则。

符合国家、行业相关标准，且遵循"标准化设计，差异化实施"原则。应优先选择网架结构合理、成熟稳定，且供电可靠性指标高的区域，开展智能配电房建设。应选用芯片化、少维护、低功耗设备。

（2）建设内容。

主要实现以下功能：配电设备运行状态在线监测；设备运行环境在线监控；设备全生命周期管理；综合数据智能分析、抢修高效管理、智能运维策略管理等智能运维管理；满足未来物联网、智能小区等竞争性业务扩展需求。

2. 电缆管廊智能监测技术

基于新型传感技术和通信技术，实现对电缆管廊及廊内设备运行状态的实时监测，支撑智慧运维决策、异常预警等功能，减少成本，保证设施安全运行。

（1）建设原则。

在新建或改造项目中，按照管廊风险评估等级、供电可靠性目标及重要程度进行综合排序，逐步配置电缆管廊智能运维监测终端。

（2）建设内容。

以工井为单位，安装管廊智能运维监测终端，实时监测温湿度、烟雾、有害气体泄放等信息。数据应接入配电网生产监控系统，实现在线监测。

3. 智能化低压台区

即在低压出线处安装分支监测装置，采集温度、电流、电压等信息，上传系统后台，实现运行数据的实时监测、智能运维决策、异常预警和快速处置功能。

（1）建设原则。

新入网设备宜推广智能低压开关柜、智能低压配电箱；存量设备可进行智能化改造。频繁停电、敏感用户、高可靠性等区域宜优先进行低压台区智能化改造。

（2）建设内容。

监测台区低压线路电压、电流、温度等关键数据，并接入生产监控系统。通过监控系统，配合计量自动化系统，逐步拓展低压停电综合分析、台区拓扑自动辨别、台区运行监测、负荷预测、精益化线损管理等高级功能。

4. 配电网智能技术示范区

（1）建设原则。

遵循试点先行、以点带面、分步推广原则，逐步扩大先进成熟技术的应用场景和覆盖范围。可结合供电可靠性目标和区域特点，以示范区方式系统开展智能配电网规划建设，再以点带面，逐步推动各项智能技术深化应用。

（2）建设内容。

按照技术成熟度和业务需要，在智能作业、状态监测、智能装备、态势感知及智慧运行等方面体系化开展智能配电网规划建设，有效解决人员不足、作业风险等问题，提高生产效率、效益及安全水平，提升电网生产运行水平和设备健康水平，凸显示范效应，最终实现智慧运行。

第 12 章 电 力 用 户 接 入

电力用户是配电网系统的重要组成部分，同时也是配电网的主要服务对象之一。用户从配电网获得电能服务的可靠程度及质量水平，直接反映了区域配电网的规划建设及运维水平；同时电力用户的接入也在一定程度上对配电网安全可靠运行产生了不同程度的影响。因此就网格化规划而言，配电网建设既要充分考虑电力用户的接入需求，同时也要对用户接入所产生的影响进行充分论证与预防。

12.1 电力用户接入原则

12.1.1 电力用户的分类

电力用户分为重要用户、特殊用户和普通用户，其具体说明如下。

1. 重要用户

根据供电可靠性的要求以及中断供电危害程度，重要电力用户可以分为特级、一级、二级重要电力用户和临时性重要电力用户。

（1）特级重要用户指在管理国家事务中具有特别重要作用，中断供电将可能危害国家安全的电力用户。

（2）一级重要用户指中断供电将可能产生如下后果的用户：直接引起人身伤亡；造成严重环境污染；发生中毒、爆炸或火灾；造成重大政治影响；造成重大经济损失；造成较大范围社会公共秩序严重混乱。

（3）二级重要用户指中断供电将可能产生如下后果的用户：造成较大环境污染；较大政治影响；造成较大经济损失；造成一定范围社会公共秩序严重混乱。

（4）临时性重要电力用户，是指需要临时特殊供电保障的电力用户。

2. 特殊用户

对配电网产生冲击负荷、不对称负荷、电压波动与闪变，产生大量谐波等情况的电力用户称之为特殊用户。

12.1.2 基本原则

（1）用户供电电压应根据区域电网条件、用电负荷、报装容量等，经技术经济比较后确定。具体情况如表 12-1 所示。当供电半径较长、负荷较大用户的用电电压不满足要求时，应采用高一等级电压供电。

表 12-1 用户接入容量和供电电压等级参考表

供电电压等级	用电设备容量	受电变压器总容量
220V	10kW 及以下单相设备	—
380V	100kW 及以下	50kVA 及以下
10kV	—	50kVA～10MVA
20kV	—	50kVA～20MVA
35kV	—	5～40MVA
110kV	—	20～100MVA

注 1 无 20/35kV 电网，10kV 电压等级受电变压器总容量为 50kVA～20MVA。
   2 应结合规划区当地"优化营商环境"相关政策，确定部分用户接入容量及电压等级。

（2）应统筹考虑廊道、间隔资源，严格控制专线出线回数，提高电网设备利用效率。

（3）分期报装用户应确定分期接入方案，方案应明确过渡条件。

（4）配电网不满足报装终期容量接入需求时，应确定当期允许接入负荷和接入方案，待配电网具备相关条件后，用户再按照终期方案完成接入。

（5）用户接入产权分界点处宜设置带短路接地跳闸功能的开关设备。

（6）100kVA 及以上的用户，高峰负荷时功率因数不宜低于 0.95；其他用户和大、中型排灌站，功率因数不宜低于 0.90；农业用电功率因数不宜低于 0.85。

12.1.3 重要用户接入原则

重要用户供电电源配置应符合 GB/T 29328—2018《重要电力用户供电电源及自备应急电源配置技术规范》相关规定。且在满足接入标准的同时，重要用户亦须结合自身特点，配置自备应急电源，电源容量至少应满足全部保安负荷正常供电的要求，并应符合国家有关技术规范和标准要求。

（1）重要用户应采用多电源、双电源或双回路供电，当任何一路或一路以上电源故障时，至少仍有一路电源应能对保安负荷持续供电。

（2）特级重要电力用户宜采用双电源或多电源供电。

（3）一级重要电力用户宜采用双电源供电。

（4）二级重要电力用户宜采用双回路供电。

（5）临时性重要电力用户按照用电负荷重要性，在条件允许情况下，可通过临时架线等方式满足双回路或两路以上电源供电条件。

（6）重要用户电源切换时间和切换方式要满足用户允许中断供电时间的要求。

12.1.4 特殊用户接入原则

（1）用户因畸变负荷、冲击负荷、波动负荷和不对称负荷对公用电网造成污染的，应按照"谁污染、谁治理"和"同步设计、同步施工、同步投运、同步达标"的原则，在开展项目前期工作时提出治理、监测措施。

（2）产生谐波源的电力用户，其注入公用配电网的谐波电流和引起的电压畸变率，必须满足国家规定及相关标准。

（3）冲击负荷及波动负荷（如短路试验负荷、电气化铁路、电弧炉、电焊机、轧钢机等）引起的电网电压波动、闪变，必须满足 GB/T 12326—2008《电能质量 电压波动和闪变》的规定。

（4）为限制大容量冲击性负荷、波动负荷产生电压骤降、闪变以及畸变负荷对公用配电网的影响，电力用户必须自行装设相应的补偿和滤波装置。

（5）大型单相负荷（如电力机车等），或三相负荷但可能单相运行的设备，应尽量将多台的单相负荷设备平衡分布在三相线路上。当三相用电不平衡电流超过供电设备额定电流的 10% 时，应提高供电电压等级。

（6）不对称负荷所引起的三相电压不平衡度，必须满足 GB/T 15543—2008《电能质量 三相电压不平衡》的规定。

（7）受电压暂降、波动、谐波等因素影响，可能导致连续生产中断、经济损失、产品质量受损的电压敏感型用户，应由电力用户自行设置电能质量补偿装置。

12.2　电力用户接入规划设计

12.2.1　规划设计的基本原则

（1）电力用户供电方案应符合国家、行业相关规定，并根据用户特点进行规划设计，之后经技术经济比较且与用户协商后确定。规划设计时应根据周边负荷发展情况，适当预留管廊及供电设备资源。

（2）用户供电方案应遵循安全、可靠、经济、合理的原则。安全性应满足电网和用户自身的要求，且符合国家、行业相关标准；可靠性指用户供电电源、线路、接线、运行方式等合理可靠；经济性指设备、容量选择应适当，计量方式及电价标准正确，运维责权清晰。

（3）重要电力用户的规划建设应严格遵循前文所述接入标准。

12.2.2　规划设计的主要内容

用户接入系统设计的主要内容涵盖系统一次和系统二次，其中系统一次主要为用户基本情况、近期电网现状及发展规划、接入方案研究及投资估算，对特殊用户需提出系统接入要求；系统二次则主要包括继电保护、安全自动装置、调度自动化及通信系统分析、接入方案、投资估算等内容。简要说明如下。

1. 电力系统一次部分

（1）电力系统及用户现状。

（2）电力系统发展规划。

（3）接入系统方案论证。

（4）推荐方案电气计算。

（5）推荐接入系统方案投资估算。

（6）系统对用户接入要求，如用户侧主接线、用户电气设备选择等。

（7）提出一次部分主要结论及建议。

（8）给出一次部分主要附图和附表。

2. 电力系统二次部分

（1）系统规模、方案、管理规程等概况。

（2）系统继电保护。

（3）安全自动装置。

（4）调度自动化。

（5）系统通信。

12.3　电动汽车充换电设施接入

12.3.1　充电方式及设施类型

1. 充电方式

由于电动汽车动力电池组的技术和使用特性不同，充电模式存在一定差别，通常有常规充电、快速充电和更换电池组三种模式。

（1）常规充电以常规电流为蓄电池充电，在家庭、停车场、公共汽车站都可进行，充电电流仅约为 15A，充电时间为 5～12h。常规充电的优点在于充电器和安装成本较低，且利用电力低谷时段进行充电的充电成本也较低，平缓的充电过程亦利于延长电池寿命。

（2）快速充电是以大电流快充方式缩短充电时间，只适用于专用充电站，充电电流一般为 150～400A，充电时间为 20min～2h。其优点集中体现在充电时间方面；缺点则主要为设备及安装成本较高，且大电流负荷对充电设备及电网安全性要求更高。

（3）更换电池组充电可以对电池和车辆实现专业化、快速化的分离，车辆恢复能源供给的效率非常快速，但车辆及电池组本身必须为标准化设计，且需在专业的充换电站完成相关操作。

2. 充电设施类型

现阶段电动汽车充电设施可分为交流充电桩、充电站、换电站三类。

（1）交流充电桩占地小，安装便捷，可安装在公共停车场、住宅小区等，操作使用简便，是重要的电动汽车充电设施。

（2）充电站通常配备有多台直流充电机和交流充电机，分为平面和立体充电站两种类型，重点服务于快充模式。

（3）换电站一般建在土地资源比较宽裕的地点，占地面积大，需要专用的库房来存放电池组，同时配备必要的电池更换设施。换电站通常配备有直流或交流充电桩，以便对待充的电池组进行集中充电。

12.3.2 充换电设施接入影响

1. 对负荷特性的影响

电动汽车充电模式可分为四种。

（1）即插即充。

汽车以无序状态接入电网充电，基本不考虑电网运行特性。

（2）夜间充电。

电动汽车在夜间特定负荷低谷时段进行充电。

（3）智能单向有序。

在夜间充电模式基础上，实现车网实时通信，实现充电负荷与电网运行的协调控制，但车辆不具备向电网反送电力的能力。

（4）智能双向有序充放电。

又称 V2G 模式，即电动汽车作为储能或备用电源设备，在用电高峰或电网故障等紧急情况下向电网反送电力进行支援。

电动汽车充电对区域配电网负荷特性的影响如下详述。以某地典型双峰曲线为例，其典型日负荷曲线如图 12-1 所示。

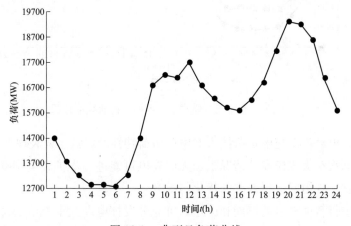

图 12-1 典型日负荷曲线

假设该地区电动汽车保有量为 13.8 万辆，快充桩充电负荷为 100kW，慢充桩充电负荷为 7kW，则原始负荷与叠加充电负荷后的特性曲线如图 12-2 所示。

由图 12-2 可知，无序充电情况下，电动汽车接入对电网负荷特性的影响较为明显，且在高峰负荷时段能够进一步增大电网负荷的峰谷差水平。

若采用 V2G 智能有序充电方式，可实现电网负荷削峰填谷效果。详情如图 12-3 所示。

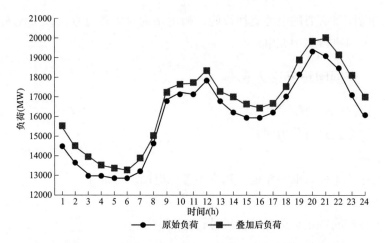

图 12-2　电动汽车接入对电网负荷特性的影响示意图

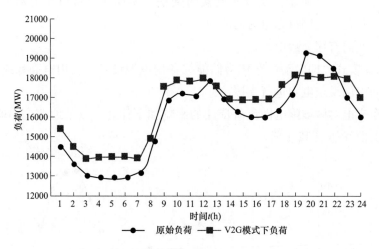

图 12-3　有序充电模式下的电网负荷曲线示意图

综上所述,电动汽车充电负荷接入对电网负荷特性的影响主要表现在:

(1) 在电动汽车大规模发展情况下,无序充电可能进一步扩大电网峰谷差水平,而有序充电则能够实现电网运行效率的优化与提升。

(2) 大力推行智能充电的发展和应用,可充分发挥电动汽车充电的综合效益,更利于电网的发展和运行,实现削峰填谷等作用。

2. 对电能质量的影响

电动汽车充电负荷接入配电网对电能质量的影响主要为谐波污染。通过模拟仿真分析及应用实测可知,电动汽车充电过程主要产生 5 次及 7 次谐波污染。

从目前国内实际生产运行的充电设备、设施来看,充电机构已在系统内部集成了相应的滤波装置,可有效降低谐波对配电网电能质量的污染。充电机结构示意如图 12-4 所示。

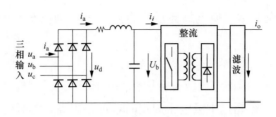

图 12-4 三相典型地面式充电机结构

3. 对配电网规划的影响

电动汽车充电负荷具有随机性特点,其对网格化规划的主要影响为:

(1) 对变电站选址定容的影响。

受随机性特点影响,较多电动汽车同时充电可能导致供电设备过载;反之,无电动汽车充电则可能导致规划供电能力冗余,造成浪费。因此充分分析网格内电动汽车数量及其充电负荷特性,有利于合理规划各供电网格变电容量。

(2) 对配电网网架结构的影响。

电动汽车增加了供电负荷地理分布的不确定性,且若 V2G 智能充电模式得以推广,则配电网运行参数均将发生明显变化,因此网架规划中所涉及的参数、网架结构、设备选型等均应做出相应调整。

针对以上影响,应考虑在网格化规划前率先开展电动汽车及充电设施专项研究,充分论证充电设施的分布情况和功率水平,以便支撑变电站选址定容及网架规划等工作的开展;同时供电企业有必要主动配合地方政府,进一步落实充电设施布局及纳规等工作的开展。

12.3.3 充换电设施接入要求

1. 基本原则

(1) 网格化规划应考虑充换电设施建设,合理满足充电负荷增长需求。

(2) 充换电设施接入电网所需廊道、配电室等用地资源应积极纳规。

(3) 应充分考虑接入点的供电能力,保障电网安全和充足的电能供给。

(4) 实施配电自动化的区域,充电设备接入应满足配电自动化技术相关标准。

2. 站址选择

(1) 充电负荷接入线路末端压降最为明显,且网损最大,因此条件具备时,应首选线路首端位置。

(2) 充电设施布局应充分考虑接入点配电网的运行特点和配电容量。

(3) 站址选择应考虑区域内充电负荷规模,应选择负载率较低的变电站及线路接入;换电站经量化分析比较后可接入重过载线路,以低谷充电方式调峰。

3. 建设类型

应结合当地电动汽车保有量和发展趋势,因地制宜建设充电设施。土地资源紧张地区可考虑建设立体式充电站；换电站建设应符合当地电动汽车类型及需求，合理布局，减少电能补给时间。

4. 电压等级

充换电设施所选择的标称电压应符合国标 GB 156—2017《标准电压》要求。可参照表 12-2 确定。当供电半径超过本级电压规定时，可采用高一等级电压供电。

表 12-2　充换电设施电压等级

供电电压等级	充换电设施负荷
220V	10kW 及以下单相设备
380V	100kW 及以下
10kV	100kW 以上

5. 接入点

（1）低压接入应考虑配电变压器容量，条件允许时应尽量选取线路前端接入，且应尽量选择负载率较低的配电变压器，若无法避免，则应合理规划充电时间。

（2）以 10kV 接入的充换电设施，条件允许时接入点应尽量靠近线路首端。

6. 无功补偿

（1）充电设施接入 10kV 电网的功率因数不应低于 0.95，无法满足时应安装就地补偿装置。

（2）非车载充电机功率因数不应低于 0.9，无法满足时应安装就地补偿装置。

7. 电能质量

（1）充换电设施接入点谐波电压/电流须符合 GB/T 14549—1993《电能质量 公用电网谐波》规定。

（2）非车载充电机额定功率输出时，谐波电流和功率因数应满足标准要求。

（3）充电设施接入点电压偏差应满足 GB/T 12325—2008《电能质量 供电电压偏差》规定，10（20）kV 及以下接入点电压偏差不超过标称电压±7%；220V 接入点不超过+7%或−10%。

（4）充换电设施接入点的三相不平衡度应满足国标 GB/T 15543—2008《电能质量 三相电压不平衡》规定，接入点三相电压不平衡度不应超过 1.3%，短时不超过 2.6%。

（5）向电网输送电能的充换电设施，其向电网注入的直流分量不应超过其交流定值的 0.5%。

8. 电动汽车放电要求

（1）电动汽车放电应通过电力调度部门统一协调。

（2）电动汽车选用公用充放电设施放电时，应尽量选择线路末端进行放电，放电可选点由调度部门提供给服务商，由服务商负责协调管理。

第13章 分布式电源接入

分布式电源（Distracted Generation，DG）由美国在 1978 年于公共事业管理政策法中公布并正式推广，其定义为：不同于传统供电模式的新型供电系统，为满足特定用户需要或支持现有配电网的运行经济性，以分散方式布置于用户附近、发电功率为数千瓦至 50MW 的小型模块式、与环境兼容的独立电源；任何安装在用户附近的发电设施，不论其规模大小和一次能源的类型（包括 DG、热电联产、冷热电联产以及各种蓄能技术等）。本章节内容将对分布式电源的并网方式及接入技术要求进行介绍。

13.1 分布式电源并网方式比较

13.1.1 分布式电源的分类

根据是否与电网联结，DG 可分为孤岛型和联网型两种，其中前者一般指电网不能覆盖的边远地区，利用风力、柴油发电等形式给用户提供电能的电源供给形式；后者则包括用户自备电源、热电联产（CHP）、冷热电三联供（CCHP）等。

13.1.2 并网方式分类

部分分布式电源如风能、太阳能等具有随机波动和能量密度低等特点，无法直接并网，因此除去直接并网方式外，分布式电源还可通过连接电力电子器件的方式进行并网，且此种方式在现有分布式电源接入形式中具有较高占比。分布式电源主要并网方式如表 13-1 所示。

表 13-1 分布式电源并网方式分类

分类		发电装置	故障电流注入能力	主要应用
直接并网 （不含逆变器）		普通同步发电机	$500\%\sim1000\%$，逐渐衰减到 $200\%\sim400\%$	小水电、CHP、CCHP、生物质发电、微型燃气轮机
		普通异步发电机	$500\%\sim1000\%$，在 0.2s 内衰减至可忽略	风力发电、小水电
通过电力电子器件并网	部分功率变换	双馈异步发电机	$500\%\sim1000\%$，衰减时间常数与撬棒电阻有关，一般小于 0.2s	风力发电
	全部功率变换	永磁直驱同步发电机组	$100\%\sim200\%$，持续时间与控制策略有关	风力发电、微型燃气轮机
		直流逆变发电单元		光伏发电、电池储能系统

13.1.3 并网方式比较

现阶段配电网规划建设工作中，以分布式光伏发电接入最为常见，故本章节以分布式光伏并网为例，对不同并网方式进行说明。

依据 GB/T 19939—2005《光伏系统并网技术要求》对并网方式的解释，是否允许通过变压器向高压电网送电是判断并网方式的主要依据，主要分为可逆流和不可逆流两种方式。其中不可逆流方式出现在国内光伏发电的起步阶段，由于当时电网智能化水平尚待提升，因此出于供电安全性及可靠性考量，光伏发电只能自行消纳，目前该方式主要应用于微电网层级；而可逆流并网方式为当前主流应用，即将光伏发电产生的电能转换为与市电同频、同相、同幅的交流电后并入电网，目前的光伏发电政策仍强调以"自发自用，余量上网"为主。

因此，以运行方式区分，自发自用为不可逆流并网方式，"自发自用＋余电上网"或全部上网属于可逆流并网方式。

1. 不可逆流并网

不可逆流并网方式多应用于用户侧负荷较大且用电持续时间较长的情况，为避免电能倒送，需在系统中安装防逆装置。不可逆并网方式特性如表 13-2 所示，典型模型如图 13-1 所示。

表 13-2　不可逆流并网方式特性表

并网方式	运行方式	优点	缺点
不可逆流并网	全部自用	发电量就地利用，减少网损，削峰	可能发生弃风弃光

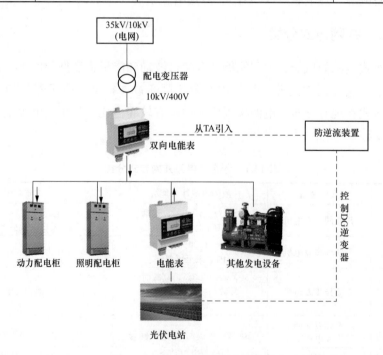

图 13-1　全部自用典型系统模型

　　由于配电变压器的潮流方向是固定的，所以需要安装防逆装置来避免电力的反送。单体在 500kW 以下，且用户侧安装有配电变压器的光伏电站，可采用此种并网方式。

　　2. 可逆流并网方式

　　"自发自用＋余电上网"是最为理想的光伏发电模式，可以在所发电量无法通过自身完全消纳的情况下，将多余发电量销售给电网，在避免能源浪费的同时亦可实现一定的经济价值。可逆流并网方式特征如表 13-3 所示。

表 13-3　可逆流并网方式特性表

并网方式	运行方式	优点	缺点
可逆流并网	自发自用＋余电上网	允许自发自用剩余电量销售给电网，可由电网调度	自发自用比例和余电上网比例始终在变化，收益模型不能固定
	全部上网	财务模型简单，相对可靠，适用于未来的分布式固定电价项目	—

　　"自发自用＋余电上网"和全部上网的典型系统应用模型如图 13-2、图 13-3 所示。

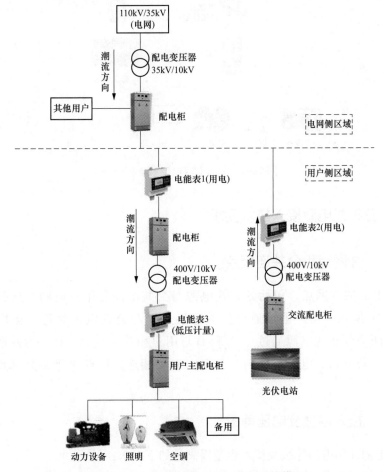

图 13-2　自发自用/余电上网典型系统模型

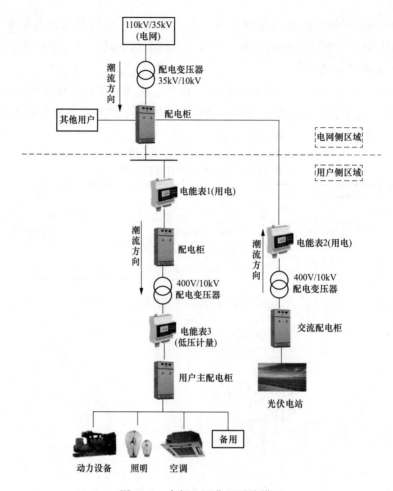

图 13-3 全部上网典型系统模型

13.2 分布式电源接入技术要求

13.2.1 并网点和公共连接点

分布式电源的并网点，包括分布式电源与公共电网和用户电网的连接点，连接方式如图 13-4 所示。用户电网通过公共连接点 C 与公共电网相连。在用户电网内部，分别有两个分布式电源通过点 A 和 B 与用户相连，点 A、B 均为并网点，但非公共连接点；若分布式电源直接与公共电网 D 点相连，则点 D 既是并网点也是公共连接点。

13.2.2 接入容量及电压等级

分布式电源并网电压等级及接入容量需满足如下要求：

（1）单点接入容量小于等于 8kW 时可接入 220V；8～1000kW 时宜接入 0.38kV；

大于 1000kW 时，应接入 10kV。有不同接入电压等级可供选择时，优先接入低电压。

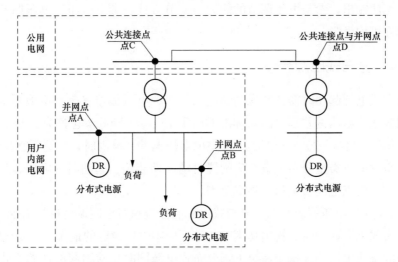

图 13-4 并网点和公共连接点示意图

（2）同一用户 0.38kV 接入点的个数不宜超过 5 个，总容量不宜超过 5000kW。

（3）接入单回 10kV 专用馈线的光伏发电总容量不宜超过 8000kW。

（4）接入单回 10kV 电缆线路的光伏发电总容量不宜大于该线路负荷的 60%，架空线路接入总容量不宜大于线路负荷的 50%，接线载流量应满足接入要求。

（5）接入 10kV 母线的总容量原则上不宜超过上级变压器最大负荷的 50%。

13.2.3 功率控制和电压调节

1. 有功功率控制

通过 10（20）～35kV 电压等级并网的分布式电源应具有调节有功功率输出的能力，输出功率偏差及功率变化不应超过电网调度机构的给定值。

2. 无功功率与电压调节

分布式电源参与配电网电压调节的方式包括调节电源无功功率、调节无功补偿设备投入量以及调整电源变压器变比。

（1）接入 380V 电网的分布式电源，并网点处功率因数应满足：①同步发电机和变流器类型分布式电源应保证并网点功率因数在 0.95（超前）～0.95（滞后）范围内可调；②异步发电机类型应保证并网点功率因数在 0.98（超前）～0.98（滞后）范围可调。

（2）通过 10、35kV 电压等级并网的分布式电源：①同步发电机和变流器类型分布式电源应保证并网点功率因数在 0.95（超前）～0.95（滞后）范围内可调，并可参与并网点的电压调节；②异步发电机类型应保证并网点功率因数在 0.98（超前）～0.98（滞后）范围可自动调节，有特殊要求时，可做适当调整以稳定电压水平；③变流器类型分布式电源应保证并网点处功率因数在 0.98（超前）～0.98（滞后）范围内连续可调，有特殊要求时可做适当调整以稳定电压水平，在其无功输出范围内，应具备根据并网点电压水平调节无功输出、参与电压调节的能力，调节方式、参考电压、电压调差率等参数可由电网调度机构设定。

13.2.4 分布式电源起停

（1）分布式电源起动时需要考虑当前电网频率、电压偏差状态和本地测量信号，当并网点电网频率或电压偏差超出国家标准 GB/T 15945—2008《电能质量 电力系统频率偏差》和 GB/T 12325—2008《电能质量 供电电压偏差》范围时，电源不宜起动。

（2）同步发电机类型分布式电源应配置自动同期装置，起动时的电压、频率和相位偏差不应导致并网点电能质量超出规定范围。

（3）10、35kV 电压等级并网的分布式电源起停应执行电网调度机构指令。

（4）分布式电源起动时的输出功率变化率不应超过所设定的最大功率变化率。

（5）非故障或电网调度指令情况下，分布式电源同时切除引起的功率变化率不应超过电网调度机构规定的限值。

13.2.5 运行适应性要求

1. 一般要求

当分布式电源并网点稳态电压为标称电压的 85%～110% 和（或）频率为 49.5～50.2Hz 时，应能正常运行，且当并网点电压波动和闪变值、谐波值、间谐波值、三相电压不平衡度满足相关规定时，分布式电源均应正常运行。

2. 低电压穿越

通过 10kV 直接接入，或通过 35kV 并网的分布式电源，宜具备一定的低电压穿越能力；当并网点考核电压在图 13-5 中所示的电压轮廓线及以上区域时，分布式电源应不脱网连续运行，否则，允许分布式电源切出。其中，三相短路故障和两相短路故障考核并网点线电压，单相接地短路故障考核并网点相电压。

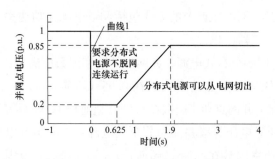

图 13-5 分布式电源低电压穿越能力

3. 频率运行范围

通过 10kV 直接接入，或通过 35kV 并网的分布式电源，宜具备一定程度耐受系统频率异常的能力，能够在表 13-4 所示的电网频率范围内按规定运行。

表 13-4　分布式电源的频率响应时间要求

频率范围	要求
$f<48\text{Hz}$	（1）变流器类型，根据变流器允许的最低频率或电网调度机构要求而定； （2）同步、异步发电机类型，每次运行时间不宜少于 60s，有特殊要求时，可在满足电网安全稳定运行的前提下做适当调整
$48\text{Hz}\leqslant f<49.5\text{Hz}$	每次低压 49.5Hz 时要求至少能运行 10min
$49.5\text{Hz}\leqslant f\leqslant 50.2\text{Hz}$	连续运行
$50.2\text{Hz}<f\leqslant 50.5\text{Hz}$	频率高于 50.2Hz 时，具备降低有功输出的能力，实际运行可由电网调度机构决定。此时不允许处于停运状态的分布式电源并入电网
$f>50.5\text{Hz}$	立刻终止向电网线路送电，且不允许处于停运状态的分布式电源并网

13.2.6　运行安全性

（1）接地方式应和配电网侧接地方式相协调，满足人身设备安全和保护配合的要求。

（2）并网的分布式电源，连接电源和电网的专用低压开关应有醒目标识，标识应符合 GB 2894 规定。

（3）分布式电源的防雷和接地应符合 GB 14050—2008《系统接地的型式及安全技术要求》的相关要求。

13.2.7　继电保护与安全自动装置

分布式电源的保护应满足可靠性、选择性、灵敏性和速动性的要求，技术条件应满足 GB/T 14285—2006《继电保护和安全自动装置技术规程》和 DL/T 584—2017《3kV～110kV 电网继电保护装置运行整定规程》的规定。

1. 电压保护

通过 380V 或 10kV 接入用户侧的分布式电源，当并网点电压超出表 13-5 中所规定的电压范围时，应在相应时间内停止向电网线路送电。通过 10kV 直接接入或通过 35kV 并网的分布式电源，电压保护应能满足低电压穿越的要求。

表 13-5　并网点电压标准

并网点电压	要求
$U<50\%U_{\text{N}}$	最大分闸时间不超过 0.2s
$50\%U_{\text{N}}\leqslant U<85\%U_{\text{N}}$	最大分闸时间不超过 2.0s
$85\%U_{\text{N}}\leqslant U\leqslant 110\%U_{\text{N}}$	连续运行
$110\%U_{\text{N}}<U<135\%U_{\text{N}}$	最大分闸时间不超过 2.0s
$135\%U_{\text{N}}\leqslant U$	最大分闸时间不超过 0.2s

注　**1**　U_{N} 为分布式电源并网点的电网额定电压。
　　2　最大分闸时间是指异常状态发生到电源停止向电网送电时间。

2. 线路保护

通过 10、35kV 并网的分布式电源，并网线路可采用两段式电流保护，必要时加装方向元件。当依靠动作电流整定值和时限配合不能满足可靠性和选择性要求时，宜采用距离保护或光纤电流差动保护。

3. 防孤岛保护

分布式电源应具备快速监测孤岛且立即断开连接的能力，其动作时间不应大于 2s，并应与配电网侧线路重合闸和安全自动装置动作时间相配合。

4. 恢复并网

电网电压和频率恢复正常之前分布式电源不允许并网；恢复正常后，380V 并网的分布式电源需经过一定延时后才能重新并网，延时值应大于 20s；10、35kV 并网的分布式电源恢复并网应经过电网调度机构的允许。

13.2.8 通信与信息

380V 并网以及通过 10kV 接入用户侧的分布式电源，可采用无线、光纤、载波等通信方式。采用无线通信方式时，应采取信息通信安全防护措施。

通过 10kV 直接接入及通过 35kV 并网的分布式电源，应采用专网通信方式与电网调度机构进行数据通信，采集电源电气运行工况上传至电网调度机构，同时具有接受电网调度机构控制调节指令的能力。通信方式和信息传输应满足电力系统二次安全防护的要求，传输的遥测、遥信、遥控、遥调信号可基于 DL/T 634.5101—2002 和 DL/T 634.5104—2009 通信协议。

分布式电源向电网调度机构提供的信息包括：380V 并网以及 10kV 接入用户侧的分布式电源，可只上传电流、电压和发电量信息，条件具备时，预留上传并网点开关状态的能力；10kV 等级直接接入公共电网，以及 35kV 并网的分布式电源，应能够实时采集并网点开关状态、电压和电流、分布式电源输送有功和无功功率、发电量等数据，同时配置有遥控装置的分布式电源，应能接收、执行调度端远方控制解/并列、起停和发电功率指令。

13.2.9 电能计量

分布式电源接入电网前，应明确计量点。计量点的设置可考虑产权分界点，或电源出口与用户自用线路连接点。每个计量点均应装设双向电能计量装置，其设备配置和技术要求应符合 DL/T 448—2016《电能计量装置技术管理规程》的相关规定。

13.2.10 并网检测

（1）380V 并网的分布式电源，应在并网前向电网企业提供由具备相应资质的单位或部门出具的设备检测报告。

（2）10、35kV 并网的分布式电源，应在并网运行后 6 个月内向电网企业提供运行特性检测报告。

（3）分布式电源接入电网的检测点为电源并网点，应由具备相应资质的单位或部门进行检测，并在检测前将检测方案报所接入电网调度机构备案。

（4）检测应符合国家、行业相关标准或规定，检测内容应包括但不限于功率控制与电压调节、电能质量、运行适应性、安全与保护功能、起停对电网的影响。

第14章 技术经济评价

　　科学严谨的规划方法是实现配电网建设改造方案与电网投资决策寻优的重要手段之一，而技术经济评价则是论证规划方案合理性及经济性的关键环节。在新一轮电力体制改革不断深化的背景之下，精益化规划、精准化投资成为了供电企业健康可持续发展的重要战略，由此网格化规划技术经济评价工作的指导应用价值也得到了进一步的凸显。

　　技术经济评价一般分为技术成效指标评价和财务分析两个部分，其中技术成效指标评价侧重于规划质量、建设成效的量化分析；而财务分析则以投资合理性、经济效益为主要评估内容。

14.1　技术经济评价概述

14.1.1　技术经济评价的主要原则

　　网格化规划技术经济评价应秉持如下三项原则：

　　1. 规划成果整体技术经济评价与单体项目技术经济评价相结合

　　整体技术经济性的评价侧重于规划成果对区域配电网整体建设水平与投资经济性的优劣分析，而单体项目评价则重点关注于某类配电网问题解决方案与投资效益间的平衡关系。后者是前者的评价基础，前者是后者的抉择依据。网格化规划实际开展过程中，应采用协调统一、远近结合的规划思路，缕清重点，有的放矢地编制规划方案，确保整体成效与单体项目的技术经济性水平协调统一。

　　2. 近期评价与远期评价相结合

　　前者侧重于规划方案对配电网近期发展需求的适应性分析，而后者则强调整体规划方案与区域配电网长期发展利益的吻合度。就供电企业而言，配电网规划建设既要考虑投资少、见效快、近期技术经济性突出的项目，同时也需立足长远发展，考虑前期投资较大、成效显现较慢，但远期技术经济性水平优良的规划建设项目。实际规划过程中应将二者统筹兼顾，在解决近期建设问题的同时，充分论证整体规划成果技术经济性水平对区域配电网长远发展诉求的支撑作用。

　　3. 直接技术经济性与间接技术经济性相结合

　　直接技术经济性多指直接经济效益，而间接技术经济性则多指社会效益。供电企业作为社会重要基础设施的建设者与管理者，在考虑自身经济效益的同时，更应注重自身的企业责任，深刻认识自身工作在社会经济快速发展及人民生产生活水平提升中的重要支撑作用。因此在分析评价规划方案直接技术经济性的同时，还需与社会效益等间接技术经济性充分结合。

14.1.2　技术经济评价的主要内容

网格化规划技术经济评价主要包含规划成效分析及财务分析两部分内容。

1. 规划成效分析

网格化规划属于多目标寻优研究，规划成效分析的目的即是通过对多种技术指标的多次寻优，最终实现配电网建设目标与投资效益的最优组合，从而确定配电网最佳规划方案。一般情况下，配电网投资水平与建设规模关联度密切，年度投资规模相对固定，因此规划成效分析的核心内容实际是在单位投资水平下，以配电网建设目标达成为依据，逐步论证供电能力、供电质量、可靠性水平等关键指标的达成情况，及其与投资经济性之间的平衡关系。

2. 财务分析

配电网规模庞大、系统复杂，规划建设投资数额往往十分巨大，因此供电企业在实现区域配电网规划建设目标的同时，还需长远考虑区域配电网及企业自身的健康可持续发展问题。财务分析即是从供电企业财务营收、资金承受能力、投资回报等方面，对配电网规划方案的可行性及合理性水平进行充分分析与论证，以确保整体规划成果的应用价值。财务分析区分为单体项目评价与整体规划方案评价两种方式，网格化规划一般以整体评价方式为主。

14.1.3　技术经济评价的主要方法

规划成效分析所使用的方法以配电网规划关键指标计算为主，即以供电能力、运行效率、建设运行成本等作为评价维度，对规划目标年的各项指标进行量化计算，并通过计算结果与配电网建设管理目标相比较的方式，逐一论证各供电网格规划方案的合理性水平。

财务分析则主要包括财务静态评价和动态评价。其中，静态评价简单直观，但缺少对投资资金时间价值的考量，亦未考虑各类设施设备的寿命周期问题，因此评价结果对实际工程建设的指导意义不强；动态评价的分析论证过程专业性要求较高，但评价过程符合资金实际流通的客观规律，其评价结果也更具应用价值，因此目前的配电网规划普遍采用动态评价方法开展相关技术经济评价工作。

14.2　规划成效分析

14.2.1　主要内容及流程

评价分析过程可简述为配电网规划方案的寻优过程，即以规划项目库中各方案所能实现的建设成效（规划实施后的成效指标）作为评价对象，通过横向比较的方式选定优劣方案。

规划成效分析是一个量化评价的过程，评价的内容是以单位投资水平下，各类规划项目所能实现的配电网建设成效指标作为基础，通过对各项指标进行量化计算与比较，最终确定符合区域配电网发展趋势和供电企业建设管理需要的最优方案。方案比选的具体工作流程如图 14-1 所示。

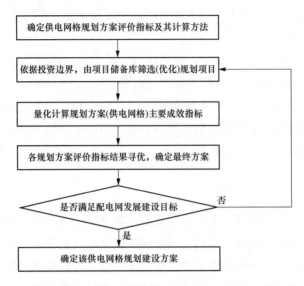

图 14-1　配电网规划方案比选流程图

14.2.2　主要评价指标说明

网格化规划成效分析所涉及的主要评价指标可归类为供电能力、运行水平以及建设运行成本，共计三个方面的指标，各方面指标的具体情况如下详述。

1. 供电能力指标

用于评价配电网对社会生产生活用电需求的供应能力及满足程度，由高压配电网和中压配电网两部分指标构成，包含如下子项评价指标：

（1）高压配电网容载比。

$$指标值 = \frac{同电压等级年最大负荷日投运变压器总容量}{同电压等级年最大负荷日最大负荷} \times 100\%$$

在核算同电压等级最大负荷日负荷时，应扣除总负荷中由上一电压等级直供的负荷，以及由同电压等级电厂直供的负荷。

（2）高压配电网变电站 10kV 出线间隔利用率。

$$指标值 = \frac{变电站已用 10kV 出线间隔数}{变电站 10kV 出线间隔总数} \times 100\%$$

在核算出线间隔利用率的过程中，应同时包含公用线路间隔及专用线路间隔。

（3）变电站重过载主变压器占比。

$$指标值 = \frac{高压重过载主变压器台数}{高压变电站主变压器总台数} \times 100\%$$

（4）高压配电线路重过载占比。

$$指标值＝\frac{高压重过载线路回数}{高压线路总回数}×100\%$$

（5）高压配电线路最大负载率平均值。

$$指标值＝\frac{\sum高压线路最大负载率}{高压线路总回数}$$

其中"高压线路最大负载率"为单回高压线路的年最大负载率。

（6）中压线路最大负载率平均值。

$$指标值＝\frac{\sum中压公用配电线路最大负载率}{中压公用配电线路总回数}$$

其中"中压公用配电线路最大负载率"为单回中压公用线路的年最大负载率。

（7）中压配电线路重过载占比。

$$指标值＝\frac{中压重过载公用配电线路回数}{中压公用配电线路总回数}×100\%$$

（8）中压配电变压器最大负载率平均值。

$$指标值＝\frac{\sum中压公用配电变压器最大负载率}{中压公用配电变压器总台数}$$

其中"中压公用配电变压器最大负载率"为单台中压公用配电变压器的年最大负载率。

（9）中压配电变压器重过载占比。

$$指标值＝\frac{中压重过载公用配电变压器台数}{中压公用配电变压器总台数}×100\%$$

2. 运行水平指标

运行水平指标包含供电可靠性、电能质量、电网结构、装备水平、电网效率五部分内容，主要用于评价配电网的实际运行情况，包含如下子项评价指标：

（1）平均供电可靠率。

$$指标值＝\left(1－\frac{系统平均停电时间}{统计期间时间}\right)×100\%$$

依据 DL/T 836.1—2016《供电系统供电可靠性评价规程》可知，平均供电可靠率分为 ASAI-1、ASAI-2、ASAI-3、ASAI-4 共计四种统计方法，详细说明请参考本书第二十章节详细内容。

（2）综合电压合格率。

$$指标值＝0.5×A 类监测点合格率＋0.5$$
$$×\left(\frac{B 类监测点合格率＋C 类监测点合格率＋D 类监测点合格率}{3}\right)$$

其中：

$$监测点电压合格率＝\left(1－\frac{电压超上限时间＋电压超下限时间}{电压监测总时间}\right)×100\%$$

根据 GB/T 12325—2008《电能质量　供电电压偏差》相关说明，电压合格率是实际运行电压偏差在限制范围内累计运行时间与对应总运行统计时间的百分比。

（3）低电压用户占比。

$$指标值 = \frac{发生低电压现象的户数}{所有用户数} \times 100\%$$

计算公式中的用户均指低压终端用户。

（4）单线或单变变电站占比。

$$指标值 = \frac{单线或单变变电站座数}{变电站总座数} \times 100\%$$

单线或单变变电站指仅有单回电源进线或者仅有单台主变压器的变电站。

（5）高压变电站主变压器 $N-1$ 通过率。

$$指标值 = \frac{满足 N-1 校验的主变压器台数}{主变压器总台数} \times 100\%$$

（6）中压配电网标准化结构占比。

$$指标值 = \frac{采用所推荐电网结构的中压公用配电线路回数}{中压公用配电线路总回数} \times 100\%$$

（7）中压配电线路联络率。

$$指标值 = \frac{存在联络的中压公用线路回数}{中压公用配电线路总回数} \times 100\%$$

（8）中压配电线路站间联络率。

$$指标值 = \frac{存在站间联络的中压公用配电线路回数}{中压公用配电线路总回数} \times 100\%$$

该指标是用于评价区域配电网供电可靠性水平的一项指标，重点考察中压配电网在结构层级方面对上级电网的支撑能力。

（9）中压配电线路 $N-1$ 通过率。

$$指标值 = \frac{满足 N-1 校验的中压公用配电线路回数}{中压公用配电线路总回数} \times 100\%$$

该指标重点考察针对某一组故障，中压配电网馈线组能否具备保持对负荷正常持续供电的能力。

（10）中压线路电缆化率。

$$指标值 = \frac{中压公用配电线路电缆线路长度}{中压公用配电线路总长度} \times 100\%$$

（11）中压架空线路绝缘化率。

$$指标值 = \frac{中压公用配电线路架空绝缘线路长度}{中压公用配电线路架空线路总长度} \times 100\%$$

（12）高损配电变压器占比。

$$指标值 = \frac{高损公用配电变压器台数}{公用配电变压器总台数} \times 100\%$$

（13）高压变电站主变压器负载率平均值。

$$指标值=\frac{\sum 单台高压变电站主变压器平均负载率}{高压变电站主变压器总台数}$$

（14）中压公用线路负载率平均值。

$$指标值=\frac{\sum 单回中压公用配电线路平均负载率}{中压公用配电线路总回数}$$

（15）中压公用配电变压器负载率平均值。

$$指标值=\frac{\sum 单台中压公用配电变压器平均负载率}{中压公用配电变压器总台数}$$

（16）110kV 及以下综合线损率。

$$指标值=\frac{110kV 及以下配电网供电量-110kV 及以下配电网售电量}{110kV 及以下配电网供电量}\times 100\%$$

（17）10kV 及以下综合线损率。

$$指标值=\frac{10kV 及以下配电网供电量-10kV 及以下配电网售电量}{10kV 及以下配电网供电量}\times 100\%$$

3. 建设与运行成本指标

此类指标用于评价规划方案实施预计的总投资及运行成本水平，主要包括单位投资指标和运行维护费用的预测。当基础数据完备时，可开展规划项目全寿命周期成本分析。

（1）投资指标。

配电网投资一般采用单位生产能力投资概略指标法来进行估算，包括线路和变电两个基本指标，其中：

$$I_{line}=\frac{IN_{line}}{L_{line}}$$

式中　I_{line}——单位线路投资指标，万元/km；

　　　IN_{line}——线路总投资，万元；

　　　L_{line}——线路总长度，km。

$$I_{tran}=\frac{IN_{tran}}{S_{tran}}$$

式中　I_{tran}——单位变电投资指标，万元/km；

　　　IN_{tran}——变电总投资，万元；

　　　S_{tran}——变电总容量，kVA。

根据方案计算出的单位投资指标，可以和工程预算定额或大量已实施工程项目的投资统计资料进行对比，以分析方案的经济性。

（2）运行费用指标。

规划人员应根据项目实施所在地已有工程项目经验，对方案实施后的运行费用进行预测。配电网运行费的具体内容主要包括：

电能损耗费——配电网电能损耗与计算单价的乘积；

维护修理费——包含作业人员工资、管理费、小修费，该项运行费用一般以投资的百分比表示；

大修费——用于复原设备原有基本功能而对其进行大修理所支付的费用，该项运行费用一般以投资的百分比表示。

（3）全寿命周期成本。

传统配电网规划忽视了规划项目运营以及报废等成本因素的影响，因此可考虑引入LCC评价指标，对规划项目的建设及运行成本进行评价。全寿命周期成本（Life Cycle Cost，LCC）是指全面考虑被评价对象在规划、设计、施工、运营维护和残值回收全寿命周期过程中的费用总和，其目的在于通过对多个规划方案的LCC评价，以横向比较的方式，最终选定全寿命周期内成本最低的规划方案。全寿命周期成本包括投资成本、运行成本、检修维护成本、故障成本、退役处置成本等。总费用现值计算模型如下：

$$LCC = \left[\sum_{n=0}^{N} \frac{CI(n) + CO(n) + CM(n) + CF(n)}{(1+i)^n} \right] + \frac{CD(n)}{(1+i)^n}$$

式中　LCC——总费用现值，万元；

　　　N——评估年限，与设备寿命周期相对应；

　　　i——贴现率；

　$CI(n)$——第 n 年的投资成本，包括设备购置、安装调试和其他费用，万元；

　$CO(n)$——第 n 年的运行成本，包括设备能耗、日常巡检和环保等费用，万元；

　$CM(n)$——第 n 年的检修维护成本，包括周期性解体检修费用、周期性检修维护费用，万元；

　$CF(n)$——第 n 年的故障成本，包括故障检修费用与故障损失成本，万元；

　$CD(n)$——第 n 年（期末）的退役处置成本，包括退役处置的人工、设备费用、运输费和设备退役处理时的环保费用，并应减去设备退役时的残值，万元。

其中，故障损失成本的计算模型如下：

$$CF = C_{F-per} \times W_F$$

式中　CF——故障损失成本，万元；

　C_{F-per}——单位电量停电损失成本，万元/kWh；

　W_F——缺供电量，kWh。

单位电量停电损失成本包括售电损失费、设备性能及寿命损失费以及间接损失费，可根据历史数据统计得出，可将其作为固定值，用于后期评价时的依据。

14.3　财务分析

14.3.1　财务分析的特点

1. 以整体配电网作为分析对象

财务分析通常将配电网总体规划建设投资作为分析评价对象，其原因在于，配电网规划建设投资在区域供电企业总投资中的占比十分明显，其投资效益对企业经营水平及财务状况具有明显影响；且配电网规划方案同时包含有变电站配套送出、扩建改造项目、用户接入工程等，其投入产出不单局限于项目本身，还需通过与相关存量资产共同运行来产生效益，因此评价过程需同时考虑规划项目本身的效益，以及规划建设期内配电网整体资产的效益。

2. 效益识别困难

配电网规划项目类型众多，分期分批建设，且存在有"一个项目具备多种建设成效"的特点，因此在对规划建设方案进行经济效益衡量时，无法仅单纯考虑增供电量与供电能力提升之间的效益关系，还需系统性分析已投产运行的存量资产所产生的效益，这在一定程度上增加了财务分析中效益识别的难度。

14.3.2 主要分析评价指标

财务分析是指对电网建设项目盈利能力和偿债能力的分析，其中：盈利能力重点分析财务内部收益率（Financial Internal Rate of Return，FIRR）、财务净现值（Financial-Net Present Value，FNPV）、项目投资回收期、总投资收益率（Return On Investment，ROI）以及项目资本金净利润率（Return on Equity，ROE）；偿债能力着重分析利息备付率（Interest Coverage Ratio，ICR）、偿债备付率（Debt Service Coverage Ratio，DSCR）、资产负债率（Loan of Asset Ratio，LOAR）、流动比率以及速动比率。

1. 净现值

指按设定的折现率 i_C 计算的项目计算期内各年净现金流量的现值之和。计算公式为

$$FNPV = \sum_{t=1}^{n} (C_I - C_0)_t (1 + i_C)^{-t}$$

式中　　C_I——现金流入量，万元；

　　　　C_0——现金流出量，万元；

　$(C_I - C_0)_t$——第 t 年的净现金流量，万元；

　　　　n——计算年限；

　　　　i_C——设定的折现率，通常可选用财务内部收益率的基准值（可称财务基准收益率、最低可接受收益率等）。

财务净现值是考察项目盈利能力的绝对量指标，其反映项目在满足按设定折现率要求的盈利之外所能获得的超额盈利的现值。净现值大于等于零，表明项目盈利能力达到或超过了设定折现率所要求的盈利水平，财务效益可以被接受。

2. 内部收益率

指能使项目在整个计算期内各年净现值现金流量现值累计等于零时的折现率，是评价项目盈利能力的相对量指标。计算公式为

$$\sum_{t=1}^{n} (C_I - C_0)_t (1 + FIRR)^{-t} = 0$$

式中　$FIRR$——欲求取的项目投资财务内部收益率。

3. 投资回收期

指项目以净收益抵偿全部投资所需的时间，是反映投资回收能力的重要指标。动态投资回收期以年表示，计算公式为

$$动态投资回收期 = (累计折现值出现正值的年数 - 1) + \frac{上年累计折现值的绝对值}{当年净现金流量的折现值}$$

财务分析中，动态投资回收期越小说明项目投资回收的能力越强，评价时，投资回收期应低于基准回收期或投资预期的回收期。

4. 资产负债率

指某一时间节点负债总额同资产总额的比率。计算公式为

$$资产负债率 = \frac{负债总额}{资产总额} \times 100\%$$

该指标表示供电企业配电网总资产中以负债方式所得资产的占比，是评价供电企业负债水平的综合性指标。适度的资产负债率表明企业运营风险较小，运营稳定；负债率过高则表明运营风险较大，不利于企业稳定发展。

14.3.3　财务分析流程

开展财务分析工作的主要流程包含基础数据收集、分析计算参数确定、费用与效益识别、财务分析指标计算以及分析结果评价说明五个部分构成。其具体流程说明如下。

1. 基础数据收集

主要收资内容包括供电企业固定资产账面值、债务、财务费用、成本费用、售电收入等。

2. 相关参数确定

结合实际工程情况确定供电企业固定资产综合折旧率；根据现有贷款偿还余额及还款协议，计算逐年实际还款额，同时叠加新增项目借款额计算逐年还款额；投资运营期一般以 25 年计算；电网行业息税前财务基准收益率常取 7.0%。

3. 费用与效益识别

依据网格化规划成果，分析确定规划项目投资、区域输配电价，以及增供电量等数据。

4. 财务分析指标计算

结合基础数据收资内容，在明确分析参数的基础之上，计算各供电网格或区域配电网经营期收益率、净现值等财务分析评价指标。

5. 财务分析结果评价

以国标、行标及供电企业实际建设情况为依据，对财务分析指标的测算结果进行评价，论证规划方案的经济合理性。

14.4 不确定性分析

考虑到网格化规划、建设工作的实际情况，不确定性分析同样是技术经济评价工作中的一项重要内容，其本质是在规划建设环境或财务分析参数不确定的情况下，以区间范围取值的方式对规划方案的财务水平进行分析，其计算结论虽未能获取明确且唯一的量化结果，但不同取值情况下的计算结果数据集却能够清晰反映财务分析结论的变化趋势，同样能够为规划方案技术经济评价工作提供具有实际应用价值的分析结论。

不确定性分析主要包括盈亏平衡分析和灵敏度分析两个部分。其中，盈亏平衡分析指在无法确定分析参数时，以范围值方式验证经济可行性的一种评价方法；灵敏度分析侧重于论述某项指标或某几项指标，在发生变化时对整体评价结果的影响程度，从而确定不同因素对规划方案经济性水平的影响，灵敏度分析通常也称之为敏感性分析。

14.4.1 盈亏平衡分析

通过确定盈亏平衡点（Break Even Point，BEP）分析项目成本与收益间的平衡关系，即依据项目正常生产年份的销售收入、固定成本、可变成本、税金等数据，计算盈亏平衡点，确定成本与收入间的平衡关系。盈亏平衡点通常用生产能力利用率或者产量表示，其计算公式为

$$BEP_C = \frac{C_F}{P_a - C_a - T_u} \times 100\%$$

式中　BEP_C——以生产能力利用率计算的盈亏平衡点；

　　　C_F——年固定成本，万元；

　　　P_a——年销售收入，万元；

　　　C_a——年可变成本，万元；

　　　T_u——年税金及附加，万元。

$$BEP_p = \frac{C_F}{P_p - C_u - T_u} \times 100\%$$

式中　BEP_p——以产量计算的盈亏平衡点；

　　　C_F——年固定成本，万元；

　　　P_p——单位产品销售价格，万元；

　　　C_u——单位产品可变成本，万元；

　　　T_u——年税金及附加，万元。

两者之间的换算关系为：

$$BEP_p = BEP_p \times PD$$

式中　PD——设计生产能力。

【算例】　某新建 110kV 项目，设计规模为 2 台 50MVA 主变，可研阶段投资估算为

1.6 亿元（静态）。平均售电价为 255.06 元/千 kWh，平均购电价为 189.43 元/千 kWh，则根据盈亏平衡分析可知

$$\text{BEP} = \frac{1.6\ \text{亿元}}{255.06\ \text{元} - 189.43\ \text{元}} = 24.3 \times 10^8\ \text{kWh}$$

即当售当量达到 24.3 亿 kWh 时，该项目实现盈亏平衡。

14.4.2 敏感性分析

指分析不确定性因素变化对财务指标的影响，根据评价需要可分为单因素变化和多因素变化对财务指标的影响分析。

1. 计算方法

敏感系数指项目评价指标变化率与不确定性因素变化率之比，其计算公式为

$$S_{AF} = \frac{\Delta A/A}{\Delta F/F}$$

式中　$\Delta F/F$——不确定性因素 F 变化率；

$\qquad$ $\Delta A/A$——不确定性因素 F 发生 ΔF 变化时，评价指标 A 相应的变化率。其中，

$\qquad\qquad$ 变化率参考值为 $\pm 20\%$、$\pm 15\%$、$\pm 10\%$、$\pm 5\%$。

敏感性分析临界点指单一的不确定因素变化使项目由可行变为不可行的临界数值，可采用不确定因素对基本方案的变化率或其对应的具体数值表示。

2. 敏感因素分析

依据网格化规划项目特点，不确定性因素主要包括建设投资、增售电量、购售电价差、供电可靠性目标（容载比）等。

当给定内部收益率测算电价时，敏感性分析主要指建设投资、增售电量等不确定因素变化时，对销售电价差的影响。通过分析可逐一确定影响电价的敏感因素，并列出其不同取值情况下的分析结果，用于横向比较。

同理，当给定期望电价并测算财务内部收益率时，则敏感性分析重点侧重于建设投资、增售电量、购售电价差、容载比等不确定因素变化对整体规划方案内部收益率所产生的影响。其评价结果可通过调整敏感因素不同比例取值的方式，分析财务评价结论。

第三篇 城市配电网网格化规划管理及应用

第 15 章 网格化规划与工程建设的协同

以网格化规划方法为基础所开展的配电网精细化规划，其核心目的之一是为了提升规划方案的可实施性，确保规划方案能够切实指导配电网建设、改造工作的开展，真正实现引领作用。在提升规划成果落地性水平的同时，配电网工程建设同样对规划方案落地具有重要的影响意义，因此实现规划与工程建设的高效协同也是实现"规划全面引领"目标的重要工作方向之一。

15.1 基于网格化的配电网项目前期管理

统一规划、统一立项是在供电网格划分的基础上，通过统筹考虑规划、运行和营销等各类问题，有效整合相关资源，建立以供电网格为基础的问题库和项目包，并通过"三库两门"（"三库"指"配电网问题库、规划项目储备库、投资项目储备库"，"两门"指"规划项目前期决策门、投资决策门"）的工作机制，实现配电网从问题到规划再到项目建设的闭环管控。其中网格化问题库通过统筹考虑网格内网架、运行、营销类问题，使各类问题的分析更加全面、深入，立项更加精准；项目包通过在立项阶段整合各类配电网项目，减少同一区域反复立项改造的风险，使投资的管控更加精细。

15.1.1 网格化配电网问题库

配电网问题库以 L2 供电网格为单位，辨识并统筹存量配电网及可预见的规划、运行及营销类问题清单。其中规划类问题由规划人员提出，运行类问题由运维人员提出，营销类问题由营业人员提出，问题随时提出、随时录入项目库。

问题库中的各类问题通过编码形成准确对应关系。三类问题按照管理职能分别由规划、运行和营销对口管理部门依据问题紧急程度进行审核评级，再由规划部门以 L2 网格为单位集中整合，最终形成问题分级清单，为后续项目整合立项奠定基础。

配电网问题库应结合各专业实际情况定期审查和评级，并依据问题和项目相互对应的关联关系，及时更新问题立项和解决情况。

15.1.2 单个项目立项原则

现阶段不同类别的问题在问题库管理、项目立项和任务下达等环节存在管理职能、立项原则、管理周期的差异，致使部分项目在实施阶段存在成本、资源无法整合、甚至浪费的问题。如同一台区在设备改造、表计箱更换等环节会有不同专业的技术人员就停电、踏勘、施工等工作多次投入人力、物力。因此基于此类问题，为有效整合项目实施环节的成本及资源，避免人、财、物的重复投入，降低对客户的影响，可以以"网格、馈线、配变"为单位，对不同类型的项目进行整合。

1. 总体要求

单体项目立项应遵循"远近兼顾、统筹协调"原则。其中远近兼顾是指以 L2 网格为单位，将近中期规划建设方案与目标网架、配电网自动化规划等相结合，提升规划方案的合理性；统筹协调是指，网架完善、配电网自动化以及光纤通信建设做好统筹，台区改造、智能化提升、营销规划做好统筹，电力专项规划与城市规划、土地利用规划、综合管廊、能源发展做好统筹衔接。

2. 项目设立原则

（1）中压网架项目一般以 L2 供电网格为单位设立单项工程，可包含与项目方案直接相关的中压网架调整及配套土建工程。

（2）线路及设备改造项目、配电网自动化项目一般以 L2 供电网格或中压线路为单位设立单项工程。

（3）低压配电网项目一般以台区为单位立项。其中，同时兼有台区改造和表计表箱改造的项目，应将表计表箱改造合并至台区改造中立项。原则上某台区改造完成后两年内不再进行改造立项，否则需阐述原因并上报对口管理部门审核。

（4）配电网通信项目一般以一个光纤子环为单位设立单项工程。

15.1.3 基于网格化的配电网规划项目包

项目包是以 L2 供电网格为单位形成的"一揽子"规划储备项目群。其构成以网格内配电网建设需求为导向，实现配电网布局与城市规划的匹配、供电能力与负荷需求的匹配，构建项目包便于规划、营销、建设等部门实现项目协调。

原则上同一网格项目包内各子项目应"同时上报，同时送审，同时审查，同时批复"，以确保在避免同区域配电网建设重复改造、重复停电的同时，提升目标网格建成效率。

15.2 基于网格化的建设管理

通过建立网格化管理体系，可有效提升项目协同度与融合度，避免重复施工，减少停电次数，优化项目统筹，充分发挥基建项目管理体系化、规范化的优势。

15.2.1 基于网格化的项目建设内容及时序的二次整合

在确立供电网格建设目标的基础之上，以网格为单位确定建设改造计划，实际上是秉承供电网格一次建成的原则，通过清晰了解各网格的投资规模、建设目标，有效提升立项精准度及投资效益，避免频繁停电及投资浪费等问题的出现。在具体实施过程中，受客观原因影响，部分规划项目可能涉及调整、重构等变化，因此在工程建设阶段，需依据项目建设投产时间、紧迫程度、施工条件等，对规划建设项目进行二次整合，同时考虑配合市政规划等需求，对网格内各建设项目进行重新排序，最终实现工程建设与规划的协同。

通过开展"运规合一""多规合一"工作，可实现"可靠性向规划要效益"的建设目标。具体工作方式一是由建设单位成立规划协同小组，运行、营销、工程等对应业务骨干直接参与规划修编，以网格为单元统筹问题解决方案，实现"运规合一"；二是规划中统筹业扩接入、项目改迁、抢修消缺等多种立项需求，避免重复建设、重复开挖、重复停电，实现"多规合一"；三是构建完整详实的供电网格规划建设档案体系，实现网格内配电网建设的统筹管理。

15.2.2　从源头统一各类项目实施主体

电网规划和可研立项时，考虑将技改项目（改造建设类）、营销技改项目（计量装置改造）、营销修理项目（计量装置轮换安装）及配电网修理项目（年度计划停电）中涉及与常规配电网基建同步改造的设备，以网格为单位进行整合，并统一出库下达计划。需单独实施的配电网应急或专项项目，由对口部门单独申报。

未能纳入规划集中建设的项目，由实施单位按照同一网格或台区进行梳理，结合其他项目工期和停电计划，统筹开展停电及同步实施工作。

配电网项目集中建设遵循网格化理念，原则上同一区域（可由多个 L2 网格组成）由同一设计、施工、监理单位负责完成对应工作，合理配置资源，确保建设业务管理责任到人，以提升配电网全业务运营的精益化水平，同时有效降低管理成本，全面提高管控效率。

15.2.3　实现项目同步建设、集中协调、同步停电

（1）同步建设：在工程进度及变更管理采用项目管控模式的同时，安全管理、质量控制工作以项目群为单元开展；同时梳理配电网管理单位各业务界面和职责分工，通过管理实现项目群组的同时验收和移交，以及同步投入运行。

（2）集中协调：外部工程报建和施工许可报批、协调及"青赔"等按项目群开展；内部工程开工审批并按项目群开展，有效缩短审批流程办理时长。

（3）同步停电：以项目群为单位制订综合停电方案，安排综合停电计划。建立项目群停电集中审查机制，对施工停电方案等进行综合管理。

15.2.4　推进配电网项目建设均衡化

项目建设严格执行进度计划，按管理职责权限实行分级管控。分级管控以一级（配电网项目整体里程碑）、二级（业主项目部进度计划）、三级（施工单位、监理单位进度

计划）进度计划为依据，计划的编制应具备极强的针对性、操作性、及时性和可控性。当受外部影响无法执行一级进度计划时，需上报工程实际进展情况、调整原因及里程碑调整计划，并进行对应管控部门分级审批。

建设单位利用基建管理信息系统和基建移动平台，对项目进度执行情况进行实时监控。业主项目部应重点关注每天施工计划，日施工项目数宜控制在施工饱和范围内。若日施工项目数低于施工饱和度应督促承包商增加施工力量投入，若日施工项目数高于施工饱和度应加强现场安全管控。其中施工饱和度是指每日实际施工项目数与饱和状态下施工项目数的比值，即以某个区域为单位，根据历史峰值评估出每日饱和状态下的施工项目数，并据此控制项目施工节奏，从而实现项目施工过程的均衡化管理。

第 16 章　网格化规划与运维的协同

网格化规划与运维的协同是配电网网格化规划成果的进一步应用，同时也是网格化管理理念的进一步深入实践。二者协同的优势在于，能够以网格为单位实现多因素运维策略的综合评估，实现运维工作的闭环管理；与此同时，亦可以网格为单位，实现运维资源的综合优化配置，有效提升运维成效。

16.1　协同内容

网格化规划与运维工作的协同主要体现在项目前期、项目管理、运行维护三个方面。

1. 项目前期方面的协同

通过建立规划与运维联动机制，由规划人员、运维人员共同组建规划运维协同工作小组，在现状电网分析、负荷预测、网架类和运行类问题库梳理、项目现场查勘、项目建议等方面协同开展，精准高效发现问题、分析问题、解决问题。

2. 项目管理方面的协同

通过整合各类型项目，特别是网架类和运行类项目，在优化电网资源投入的同时，有效降低客户停电影响，同时以网格为载体建立管理责任制，规划运维协同工作小组开展网格基础数据维护、问题库管理、负荷需求收集、目标网架管理、项目全过程监控、网格评价等工作，实现网格问题和指标"有人负责、有人跟踪"。

3. 运行维护方面的协同

规划运维共用一套"交互语言"，统一基础数据模型和分析计算原则，建立运行风险管控与规划项目库动态调整机制。

16.2　管理要点

16.2.1　规划运维协同机制

成立规划运维协同工作小组，规划运维人员共同参与，形成职责清晰、协同高效的规划运维联动机制，重点跟踪规划统筹协调、项目可研设计方案审查、运行风险分析等工作。定期召开规划运维协同会议，研讨规划工作进展、待协调解决问题、规划与设备运维标准等内容。

16.2.2　规划运维统一"交互语言"

统筹考虑规划建设、运维检修、退役报废和营销服务等各业务需求，统一建立适用于网格管理的"通用语言",如网格划分及维护原则、基础数据维护台账、问题录入模板、网格评价标准等,便于各专业数据和相关应用共享,提升规划与运行的协同水平。

16.2.3 网格评价标准

按照网格化管理思路,将规划和运维指标在网格内实现多维度管控与协同,开展网格评价,其中低分网格重点抓规划,高分网格重点抓运维,体现"规划保障、运维兜底"的协同原则,并进一步结合信息系统实现指标的可视化管理应用。

16.2.4 网格主人责任制

建立网格主人制,以网格为单位配置规划、运维人员,明确责任及考核标准。网格主人监督网格内目标接线水平、负荷发展情况、上级电源、问题库建立、项目立项、项目进度、网格基础数据维护等;同时负责审查、监控网格内上级电源布点及时序规划需求、负荷预测结果、项目立项方案、项目实施进度、问题解决水平等,并对网格规划建设运维情况和关键指标承担责任。

16.3 业务实施

具体业务实施主要体现在运行控制与设备维护两个层面,其中运行控制以多影响因素综合评估优化运行控制策略为主,而设备运维则侧重于各类资源的优化配置及运维效率提升。

16.3.1 基于网格化的运行控制

基于网格化的运行控制是指通过综合评估网格内与不同网格间的多重配电网运行影响因素,制订基于网格划分的配电网正常运行方式,并在 L2 层级网格内开展配电网自动化不停电测试策略及实施方案研究,实现配电网风险按网格预控,有效提高配电网自动化应用成功率。

正常运行方式的编制对网络安全、节能环保、经济高效运行起着至关重要的影响作用,科学合理的运行方式编排对及时掌握运行状态、故障情况,以及实现安全隐患排查、经济调度运行等均有着重要意义。运行方式编制应遵循如下要求:

(1)需满足配电网安全运行标准要求;

(2)线路负荷应合理分配,线路所带配电站或开关站数量须基本均衡,一般不宜超过 8 个,且联络线路负荷应满足转供电需求;

(3)运行方式编制应综合考虑配电网自动化,若已进行自动化改造的线路,则配电网组网内的联络点应优先选择具备自动化功能的设备;若尚未进行自动化改造,则组网内联络点应优先开展自动化改造升级;

(4)尽量避免单回线路接入多个重要用户,且组网内联络点可优先选择重要用户设备;

(5)网格内线路联络点应优先选择交通方便的公用设备;

(6)组网方式应尽可能降低运行风险,组网线路按风险概率最优原则选择。

16.3.2　基于网格化的设备管理

基于网格化的设备管理主要研究运维原则、运维方法、设备分级、设施分级以及运维台账维护等内容，从而实现运维计划与网格运行风险、运维资源配置的联动优化。可通过归集网格内设备设施状态、风险、地理分布、周边环境等信息，固化正常运行方式，以及巡视、试验及检修等运维策略，并制订保供电预案，为优化运维资源配置、提升运维经济性提供支撑。

1．网格化运维原则

以 L2 网格为运维单位，以电缆、架空线分段为线路运维单位，以设备设施风险等级为导向，开展配电网运行维护工作。

（1）按照健康度和重要度对设备分级，实施分层、分类、分专业设备运维。

（2）针对不同风险等级，按日常巡维、特殊巡维、预试定检及设备消缺四大类运维工作制订差异化运维策略。其中：

1）日常巡维在相关管理规定基础之上，缩短Ⅰ级设备巡视周期，保持Ⅱ级设备不变，延长Ⅲ级周期，且确保关键数据每月记录并可查；日常巡视中应针对设备进行必要的简单维护。

2）特殊巡维指受电网、设备、气象等影响，触发的不定期维护工作。

3）预试定检指为获取设备状态量而定期进行的各种停电试验。针对Ⅰ级风险管控设备缩短试验周期，Ⅱ级按计划安排，Ⅲ级延长试验周期。

4）设备消缺是指对紧急、重大及一般缺陷经过一定的处理使其危急程度消除或有所下降。其中存在紧急、重大缺陷的设备应安排消缺；对一般性缺陷设备，消缺处理前按运维策略开展设备巡视、预试定检工作。

2．网格化运维方法

一是开展设备状态评价，确定设备健康度；二是开展设备重要性评估，确定设备重要度；三是根据设备风险矩阵，确定设备管控级别；四是针对不同风险管控等级，制订设备差异化运维策略；五是以网格为单位制定运维计划，开展基于网格的设备设施差异化运维工作。主要优势包含五个方面：

（1）有利于配电网运行风险评估。

网格化运维使关注对象化整为零，将运维对象形成若干清晰可视的小网，并进行区域电能特征值评估，迅速确定问题网格，并分析具体原因，制订对应治理策略。

（2）有利于合理配置资源。

以网格为单元摸清运维总体工作量，根据实际需求匹配运维人员，合理配置物资资源。网格化运维责任分配如图 16-1 所示。

（3）有利于实行作业管控。

既可实现对运维人员绩效的管控，又可实现对作业效率的管控，同时因运行方式固定，还可进一步提升数据维护质量。网格化运维效率提升示例如图 16-2 所示。

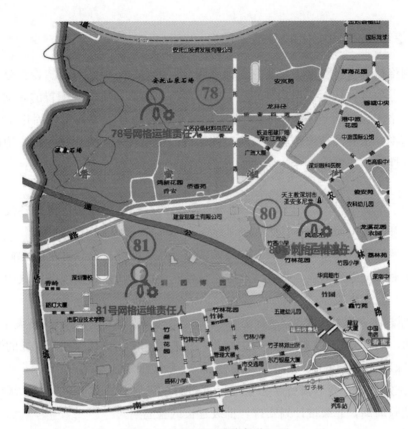

图 16-1　网格化运维责任分配图

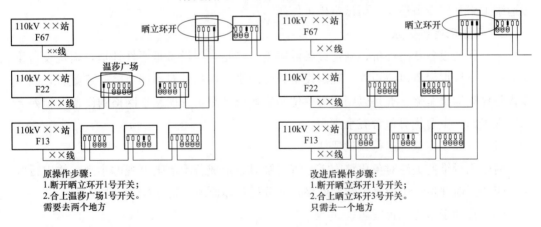

图 16-2　网格化运维效率提升示意图

（4）有利于分析策略成本。

网格化使配电网数据简化，可直观掌握运行情况，设定人、财、物等维度评价指标，进行综合成本分析。

（5）有利于指导配电网建设。

当确定某网格供电可靠性持续偏低，且所有运维策略均无法有效提升时，则该网格应进行规划方案优化完善。

3. 网格内设备分级办法

根据设备状态评价和重要度评估结果，按照重要度和设备健康度两个维度对设备进行管控级别划分。

（1）设备重要度的确定。

依据三个维度进行判断：供电用户重要程度；设备故障引起的停电范围及运行风险；设备在网架结构中的重要性。评价结果分为关键、重要、一般 3 个级别。评估标准应因地制宜，不宜直接照搬套用其他城市成果。举例说明如下。

1）关键设备。符合以下条件之一：设备供电对象为政府界定的重要用户；设备故障后停电户数达到 20 户以上，或停电用户为居民且超过 3000 户；设备为网架联络点设备，或自动化三遥点及分段断路器。

2）重要设备。符合以下条件之一：设备供电对象为供电企业划定的敏感用户；故障后停电户数达 10~20 户，或停电居民数为 1000~3000 户；设备为主干线非转供节点、分支非转供节点，或设备为配电网自动化二遥、一遥点。

3）一般设备指除上述以外的设备。

（2）设备健康度的确定。

按照设备状态将其划分为正常、注意、异常、严重 4 个级别。

1）状态量选取应能直接、有效反映设备运行状况，且状态量的获取在技术上可行，对状态的判断有明确的标准、规范。

2）状态量构成包含设备原始资料（铭牌等）、运行资料（运行工况记录等）、检修试验资料（检修报告等）、其他资料（同型设备故障情况等）。

3）状态量权重从轻到重分为三级，系数为 1、2、3。

4）状态量劣化程度分别为Ⅰ、Ⅱ、Ⅲ级，分别表示劣化程度轻微、较大和严重，其对应基本扣分值为 2、4、8。

5）状态量扣分值由劣化程度和权重共同决定，即基本扣分值乘以权重系数，状态量正常时不扣分。状态量评价如表 16-1 所示。

表 16-1　状态量的评价表

状态量状态	基本扣分　权重	1	2	3
Ⅰ	2	2	4	6
Ⅱ	4	4	8	12
Ⅲ	8	8	16	24

6）设备状态评价方法。

每类配电设备的状态评价分为部件评价和整体评价两部分进行，评价的最终结果应同时考虑单项状态量的扣分和部件合计扣分情况，部件状态与评价扣分对应情况如表 16-2 所示。

表 16-2　配电设备评价细则

评价细则 设备	正常状态 单项扣分	注意状态 合计扣分	注意状态 单项扣分	异常状态 合计扣分	异常状态 单项扣分	严重状态 单项扣分
设备部件 1	≤2	≤A1	4～6	≤B1	8～12	≥16
设备部件 2	≤2	≤A2	4～6	≤B2	8～12	≥16
设备部件 n	≤2	≤An	4～6	≤Bn	8～12	≥16

注　表中 An、Bn 代表各类设备在健康度分级过程中，根据设备状态量权重及状态量劣化程度所计算确定的扣分值，因配电网设备种类众多，在此不做一一列举。

（3）设备管控级别的确定。

根据设备重要度和健康度，形成设备风险矩阵，确定设备管控级别。管控级别从高到低分为Ⅰ级、Ⅱ级和Ⅲ级。设备风险矩阵表如表 16-3 所示。

表 16-3　设备风险矩阵表

关键	Ⅱ级	Ⅰ级	Ⅰ级	紧急、重大缺陷消缺
重要	Ⅲ级	Ⅱ级	Ⅰ级	
一般	Ⅲ级	Ⅲ级	Ⅱ级	
—	正常	注意	异常	严重

运维单位应根据确定的设备管控层级，按各类配电设备运维策略表制定本单位的年度、月度生产作业计划，有序开展年度维护、检修工作。

4. 网格内设施分级办法

以 10kV 电缆管廊为例，推荐采用分段评价原则，对电缆管廊状态进行风险评估。评估标准包含"状态评估"和"重要程度评级"两个部分，具体步骤如下：

1）从管廊敷设电缆超容、积污情况等 7 个状态量分段评估，运行状况包括良好、一般、较差、危险四类，详情如表 16-4 所示。

表 16-4　电缆沟（隧道）运行状态量评估标准

序号	状态量	劣化程度	扣分标准	权重系数	应扣分值（M）
1	电缆管廊超容率	Ⅰ	超设计容量 20% 以内	4	12
		Ⅱ	超设计容量 20%～50%		24
		Ⅲ	超设计容量 50% 以上		36
2	积污程度	Ⅰ	少量垃圾或淤泥，但不影响电缆安全运行	3	9
		Ⅱ	现有电缆已经接触或埋入污水或淤泥中		18
		Ⅲ	存有腐蚀液体、污油、可燃物等		27
3	支架损坏程度、电缆上架率	Ⅰ	每段有 20% 支架损坏或电缆未上架	3	9
		Ⅱ	每段有 20%～50% 支架损坏或电缆未上架		18
		Ⅲ	每段有 50% 以上支架损坏或电缆未上架		27

电缆沟（隧道）运行状态量评估标准 续表

序号	状态量	劣化程度	扣分标准	权重系数	应扣分值（M）
4	电缆标识	Ⅰ	该段电缆沟内电缆标示缺失20%及以下	2	6
		Ⅱ	该段电缆沟内电缆标示缺失20%以上		12
5	同沟敷设低压线路	Ⅱ	存在有一根及以上低压线路	2	12
6	电缆中间头防护	Ⅱ	防火保护盒无或破损	2	12
7	盖板、通风口	Ⅱ	缺失或损坏	2	12

注 1 劣化严重程度从轻到重分为Ⅰ、Ⅱ、Ⅲ级，不在此劣化范围定义内的视为正常。
 2 权重视状态量对电缆安全运行影响度分为轻、中、重三级，对应权重系数为1、2、3。
 3 状态量应扣分值由状态量严重程度和权重共同决定，状态量正常时不扣分。

2）从重要地段、重要用户、电缆数量3个方面，确定管廊重要程度，共分为非常重要、重要、比较重要、一般重要四种等级，具体标准如表16-5所示。

表 16-5 电缆管廊运行状况评估标准

运行状况	一般状态（同时满足以下两项条件之一）		注意状态（满足以下两项条件之一）		异常状态	危险状态
	合计扣分	单项扣分	合计扣分	单项扣分	单项扣分	单项扣分
扣分值	≤24	<12	>24	12	18~24	>24

注 电缆管廊整体运行状况由7个状态量评价后得出，综合合计及单项扣分进行判断。

3）综合考虑电缆管廊的运行状况（紧急程度）和重要程度，确定其风险等级（共分高风险、中等风险、一般风险、低风险等四类风险等级），为制订电缆管廊的运维、整改等运维策略提供依据，具体标准如表16-6、表16-7所示。

表 16-6 电缆管廊运行状况评估标准

序号	状态量	重要程度	标准	K（重要性系数）
1	重要地段	Ⅰ	否	0.3
		Ⅱ	是	0.5
2	重要用户	Ⅰ	管廊内敷设电缆仅带有普通用户	0.3
		Ⅱ	管廊内敷设电缆至少带有1个重要用户	0.5
3	电缆回数	Ⅰ	0~20	0.3
		Ⅱ	20以上	0.5

注 1 电缆管廊重要性系数由重要地段、重要用户、电缆回数重要性系数合计决定：1.5为非常重要，1.3为重要，1.1为比较重要，0.9为一般重要。
 2 重要用户以供电企业相关部门发文为准。
 3 重要地段：变电站出线电缆管廊、电缆管廊旁有危险物品（油库）等地段。

表 16-7 电缆管廊风险评估标准

风险	高风险	中等风险	一般风险	低风险
取值范围	40分以上	31~40分	20~30分	20分以下

注 1 定义电缆管廊运行状况评估系数M为：危险状态（40）、异常状态（30）、注意状态（20）、一般状态（10）。
 2 根据运行状况和重要程度，通过下面公式确定电缆管廊风险评估结果：$ISE=M×K$，式中ISE为电缆管廊风险评估总得分；M为运行状况评估系数；K为重要性系数。

5. 运维台账

编制基于中压网格的运维台账，完善网格化运维基础数据日常管理，归集网格内设备设施的状态、风险、电网络、地理分布、周边环境等信息，固化网格内正常运行方式、巡视、试验及检修等运维策略和保供电、大面积停电等预案，有效提升了日常运维和事故应急效率，同时为优化运维资源配置，提升运维经济性提供了有力支撑。其具体内容主要包含网格简介、网格图例、基础设备及设施资料、设备运维信息、预案管理及网格责任人 6 部分内容。

（1）网格简介。应包含网格名称、网格编码、地理区域划分图，网格用户数，网格接线及目标网架接线等信息。

（2）网格图例。主要包含 10kV 正常运行方式一次接线图、10kV 实时一次接线图及网格分馈线地理沿布图。

（3）基础设备及设施资料。主要包含公用设备（变压器类、开关类、线缆类及低压类）台账信息、配电房设施资料及电缆管廊风险级别信息。

（4）设备运维信息。包含网格内设备历史巡视、预试定检信息。如线路、配电变压器负载情况，开关柜局放试验，电缆介损、振荡波试验，红外测温试验等。

（5）预案管理。包含 10kV 站内失压应急预案、重要用户保供电预案及高风险电缆沟段电缆故障应急预案。

（6）网格责任人。明确各供电网格管理责任人。

16.3.3 基于网格星级评价的闭环管理

网格化规划与运维协同的核心优势即在于两者分工明确，但又相辅相成。"规划保障运维兜底"，网格化规划与运维协同在运行控制与设备维护两项业务实施的基础之上，应进一步实现基于网格星级评价的闭环管理，即随着网格内配电网建设水平与运行维护方式的变化，供电网格管理责任人应适时开展网格星级评价工作，从而准确判断供电网格的星级水平及具体问题，秉承"低分网格抓规划，高分网格抓运行"的管理思路，进一步明确更为安全稳定、经济高效的规划建设方案及运行维护方案，使得整个网格化规划工作形成闭环管理，实现供电网格从规划到建设，再到深度优化的全流程监督与参与，直至供电网格最终形成完全建成的五星网格。

第 17 章　网格化规划落地的工作机制

确保规划方案不打折扣地落地，是实现网格化规划成果向配电网"精细化、精益化"建设管理转化的重要环节，亦是供电企业提升配电网规划业务水平、达成配电网发展建设目标的重要支撑举措，因此在研究论证网格化规划各项技术方法先进性的同时，亦应当从规划方案实施落地等建设环节着手，建立健全相关保障举措。本章节从构建一套完善的配电网规划顶层设计标准、构建一套可靠的配电网规划基层保障体系、构建一套坚实的配电网规划业务闭环管理机制等角度入手，对部分供电企业较为行之有效的实际举措进行介绍，以供读者参考借鉴。

17.1　一套完善的配电网规划顶层设计标准（关键引领）

1. 完善规划原则，优化指标体系

（1）优化配电网规划指标，构建符合地方电网特色的指标体系。

以深入、详实的现状电网诊断分析工作为基础，重新审视配电网规划指标体系，优化完善，构建形成符合当地配电网实际发展特点及发展目标的指标体系。结合配电网不同的发展阶段，逐步将指标评价因子由电网转向客户、由中压转向低压；与此同时，指标应充分考虑配电网运维实际情况及存在问题，与运维能力（不停电作业能力）形成互补和协同，共同支撑供电可靠性。

（2）构建"高可靠性特征电网"关键参数，有效指导高可靠性区域规划建设，开展基于先进供电企业或"高可靠性特征电网"的相关学习、研究工作，充分借鉴优秀经验，在差异化分析国内外典型接线模式的基础之上，通过模拟仿真量化评价各类典型接线方式下的关键参数指标，明确规划区不同的配电网建设需求，采用差异化建设原则，合理确定各类供电区、供电网格配电网建设标准。

2. 丰富规划工具，精细技术指导

（1）开展配电网规划技术实施细则修编，固化规划研究成果。

以规划技术原则为引领性文件，指导区域网格化规划建设工作的开展。在充分运用已有优秀研究成果的同时，密切关注配电网发展新态势、新动向，实时更新配电网规划技术原则，做好标准的完善和协同，确保引导性文件具有充分的指导意义及应用价值，满足区域配电网"精细化、精益化"规划建设工作的开展需求。

（2）制定供电网格规划建设评价标准，明确问题分析和规划立项方法。

编制中压配电网网格化建设评价相关标准，明确中压供电网格的建成标准，形成标杆示范作用，指导基层供电单位以网格为单位，梳理归集网架类、运行类、营销类等相关问题，并按网格形成"一揽子"规划储备项目群，确保同一网格的储备项目库与该网格的规划建设任务精准对应，构建"网格内问题网格内解决"的管理思路，尽量确保网格内各子项目实现"同时上报，同时送审，同时审查，同时批复"，以此提升网格建成率及建设效率。

（3）落实配电网项目管理机制，强化职能管理，做好项目统筹。

结合现有工作流程，优化配电网项目管理体制机制，开展规划建设项目落地效果后评估专项研究工作；同时强化职能管理，提前开展工作，切实降低应急项目、专项项目等对网格化规划成果的影响。采用统一管理的主要原则和手段，对资本类项目进行刚性整合，对成本类项目在关键业务节点进行柔性整合，降低项目管理成本和电网资源占用，减少人、财、物的重复投入，避免重复停电。

（4）编制配电网项目前期作业指导书，细化业务指引。

以供电企业实际组织架构及管理流程为依据，编制具有引导性及实用性的《配电网项目前期作业指导书》，细化业务流程指引，明确项目落地各阶段、各部门相关人员的工作职责，提升管理效率。

3. 开发信息系统，提高工作效能

在具备实施条件的情况下，可结合区域配电网网格化规划成果，研究开发适用于网格化建设管理工作开展的信息辅助系统。信息辅助系统的应用能够有效提升配电网精细化、精益化规划管理工作的开展效率，一方面能够对网格化规划成果等基础信息进行体系化管理，如配电网基础数据、网格地图、项目储备库等，另一方面亦可与项目前期、资金批复、日常建设维护等常态化管理工作进行深度结合，从而有效提升网格化规划成果的应用价值及区域配电网的管理水平。

17.2 一套可靠的配电网规划基层保障体系（重要基础）

1. 夯实规划运维协同机制，加强规划业务力量保障

可依据区域配电网规划项目立项业务管理机制，组织构建专项领导小组和工作小组，编制形成职责清晰、协同高效的中低压配电网规划运维联动机制，做好配电网规划统筹协调工作，精准高效的解决各供电网格的建设问题。

2. 均衡化开展项目前期工作管控，提高项目可研编制质量

项目前期及可研的编制对网格化规划成果落地具有重要的影响作用。配电网管理部门可结合区域实际特点，逐一明确、强化基层供电企业可研、设计工作的主体责任，构建、应用可研评审信息平台，结合配电网实际建设需求，均衡开展储备项目的可研编制和审查工作，并以周为单位审核、通报可研工作送审情况。

3. 提高网格化规划与运维业务协同力度，加强网格化全生命周期管控

结合区域配电网实际特点，编制具有适用性及指导作用的《配电网网格化规划与运

维指导意见》，形成统一的"工作交互语言"，明确配电网网格分层和划分、网格化规划与运维所应遵循的标准，指导基层供电企业管理关键业务，提升配电网规划与运维业务协同力度。

4. 积极开展配电网网格化规划修编工作，加快推动成果落地

结合地区实际发展需求，积极开展网格化规划成果修编工作，以成熟严谨的规划大纲为指导，遵照区域配电网规划技术指导原则，按照网格化规划思路，围绕优化后的配电网规划指标体系，适时开展规划成果修编工作。

17.3　一套坚实的配电网规划闭环管理机制（根本措施）

1. 开展基层规划业务能力培训及考核，补齐短板

重点关注基层单位规划人员的业务水平，适时开展专项培训与摸底考核工作，有效提升基层规划人员的业务水平；与此同时，进一步宣传、强调网格化规划成果在区域配电网精细化规划、精益化管理工作的重要程度，通过规划业务技能竞赛、常态化规划能力专题培训等方式，提升基层单位相关业务人员的重视程度及业务技能水平。

2. 建立配电网规划督查机制，及时发现问题并整改

适时、适当建立规划督查机制，选取专业基础扎实和规划经验丰富，且拥有较高业务水平和工作能力的专家，建立配电网规划审查及督导专家库，常态化组织开展相关规划成果的交叉审查和专项督导，以此实现规划项目从技术方案编制到项目立项、可研成果质量、项目落地等方面的督导、指导目的。

3. 加强常态化指标考核，提高管控力度

研究建立常态化考核评价标准，进一步加强对配电网规划立项工作的监督和考核，重点落实规划指标体系构建和项目管理体制机制优化的落地应用，同时结合规划督查结果，做好基层单位规划工作的常态考核评价。

第 18 章 网格化规划辅助决策信息系统简介

为了实现配电网网格化规划业务体系显性化、流程化、高效化、智能化运转，从根本上解决以往配电网规划业务信息化程度不足、过程及成果难以显性化应用、辅助决策支撑力度不足等"老大难"问题，可通过开发构建配电网网格化规划辅助决策信息系统（以下简称辅助决策信息系统）的方式，解决上述问题。

辅助决策系统的开发是以网格化工具为抓手，实现基于供电网格的配电网规划基础数据统筹、配电网问题统筹、配电网项目统筹、主配电网规划协同、规划方案科学决策以及规划指标动态管控等目标，构建形成以网格为单元的信息化、可视化、全维度、全过程管理模式。

18.1 辅助决策信息系统的体系架构

辅助决策信息系统可概括为：将网格化规划理念及规划成果，与可视化的地理信息进行紧密融合，以供电网格为基础，打通辅助决策信息系统与 SCADA、计量自动化、配电网基建项目管理等诸多系统间的数据壁垒，实现配电网业务的实时互联及全过程管控，有效推动区域配电网规划、建设、管理业务的系统性升级。

配电网网格化规划辅助决策信息系统共包含六大模块，分别为网格全维度管控、网格划分管理、网格现状分析及负荷预测、问题库及项目前期管理、项目全过程管理、基础数据维护。系统架构如图 18-1 所示。

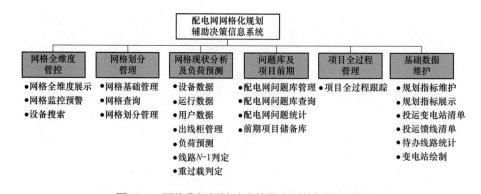

图 18-1 网格化规划辅助决策信息系统架构示意图

18.2 网格全维度管控

网格全维度管控定位为"规划业务驾驶舱"，主要实现以网格为单元、以 GIS 地图为背景的规划业务进行全景展示功能，包括网格地图、设备资产规模、配电网问题库、业扩报装、规划储备项目及规划指标等内容，以便快速掌握配电网规划业务的整体情况。网格全维度管控主要通过三个子模块实现：网格全维度展示、网格监控预警、网格内设备搜索。各子模块功能简介如下。

1. 网格全维度展示

除展示整体规划指标、设备资产台账外，该模块可实现以网格为单位按照"高压网格→中压网格"顺序的数据向下钻取功能。高压网格主要展示地理边界、变电站布点信息等；中压网格主要展示网格边界、网格编号、网格面积、现状及目标接线、重点用户、规划指标、供电能力评估结果及前期储备库等。系统界面如图 18-2、图 18-3 所示。

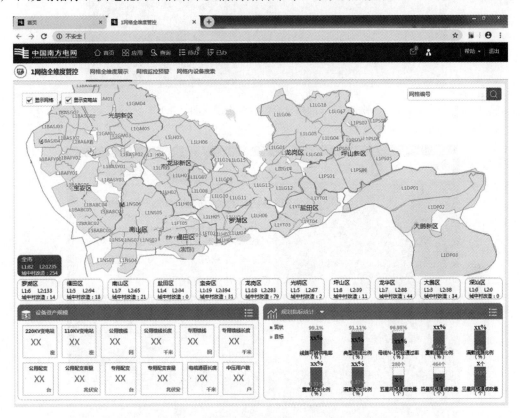

图 18-2　网格化全维度管控示意图（一）

全维度展示是信息系统的基础所在，其核心价值在于信息的可视化展示为配电网建设管理人员提供了实用化工具，支撑了"驾驶舱"定位目标的实现。

2. 网格监控预警

包括特殊网格（如高可靠性网格、城中村改造等）、重满载线路及配电变压器、剩余供电容量等监控预警功能，并增加问题"一键入库"设置，实现配电网"问题"从出现到解决的全流程管理，有效避免"遗漏"、"项目与问题不符"等情况的出现。系统界面如图 18-4 所示。

图 18-3 网格化全维度管控示意图（二）

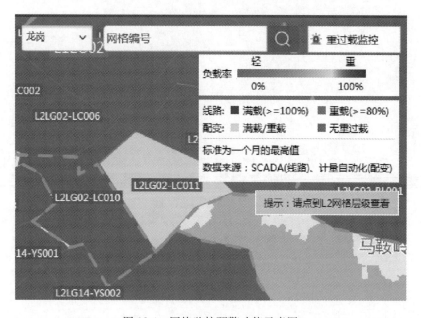

图 18-4 网格监控预警功能示意图

网格监控预警重点实现对配电网建设、运行水平的实时监管，确保未实现建设目标的网格重点管理，已实现建设目标的网格不再新增问题。

3. 网格内设备搜索

支持以设备、用户、线路为关键字的模糊搜索方式，具备基于 GIS 地图快速定位设备、查看资产台账、调出实时单线图等功能。系统界面如图 18-5 所示。

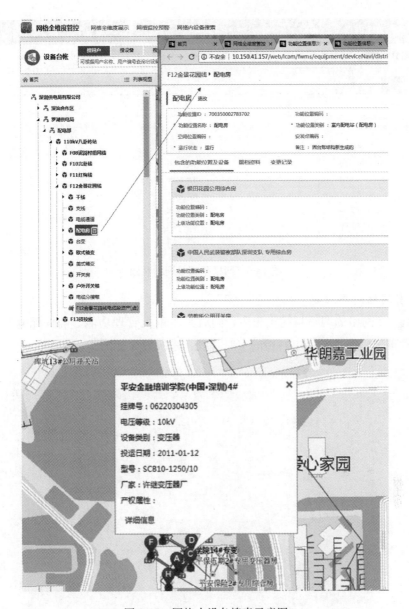

图 18-5　网格内设备搜索示意图

18.3　网格划分管理

网格划分管理的主要功能是对系统最底层的网格地理边界、网格基础数据、高中压网格从属关系等信息进行动态维护。

1. 网格基础管理

主要目的为实现网格基本信息的记录与查询，包括网格总数、编码、所属单位、关联任务、任务来源等信息。可对不同层级部门、单位授予不同的查询权限，使得网格信息与运维人员形成有效对应。系统界面如图 18-6 所示。

图 18-6 网格基础管理示意图

2. 已有网格边界维护

以 L1、L2 网格的调整与优化为主，同时具备审批管理功能，确保配电网全业务流程中的各管理部门实现对供电网格的实时管理。系统界面如图 18-7 所示。

图 18-7 已有网格边界维护功能示意图

3. 新增网格

主要包含新增、修改、删除网格边界、网格从属关系、网格编码等功能，对于快速发展网格及发展不确定网格，能够依据负荷发展水平及时调整网格划分及网架结构，更好地服务于配电网建设管理工作。具体流程如图 18-8 所示。

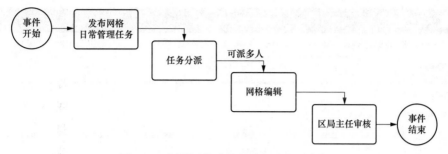

图 18-8　新增网格功能的执行流程示意图

4. 网格查询

主要实现网格信息的快速、灵活查找，搜索关键字涵盖网格编码、状态特性、所属管理单位、现状线路、星级评价结果等。系统界面如图 18-9 所示。

图 18-9　网格查询功能示意图

5. 网格统计

以列表形式展现网格，同时反映问题清单及网格变更痕迹，为规划、建设工作的规范化提供重要依据。

18.4　网格现状分析及负荷预测

以可视化方式呈现网格设备、网架、用户、电网资源以及现状问题库等数据，包含设备数据管理、运行数据管理、用户数据管理、出线管理四项子模块。

1. 设备数据管理

包含网格内公专线数量、公专变数量及容量、自动化覆盖情况等数据，覆盖了网格内设备的全部信息，从设备台账层面对配电网数据进行了系统化统筹。系统界面如图 18-10 所示。

2. 运行数据管理

将主变压器、线路、配变负载率等运行指标纳入辅助决策信息系统，实现配电网"静态物理数据"向"动态运行数据"的全面覆盖。系统界面如图 18-11 所示。

图 18-10　设备数据管理示意图

图 18-11　运行数据管理示意图

3. 用户数据管理

实时掌握用户用电需求及接入信息，有助于提升电力需求预测的精准度水平。管理数据分为已有用户和潜在用户两部分，数据内容以报装容量、用电时间、用电性质以及拟接入方案为主。系统界面如图 18-12 所示。

4. 出线管理

变电站出线间隔是电网建设的重要资源，数据管理包含新增及已有变电站的总间隔数、已占用回数、空闲间隔、孔隙率及出线柜明细等信息。系统界面如图 18-13 所示。

18.5　问题库及项目前期管理

将现状问题与规划项目库结合，实现网格问题、解决方案、实施工程的统筹管理，显著提升配电网规划建设水平及投资效益。模块包含负荷预测、问题库管理、统计查询、前期项目储备库管理等功能。

图 18-12 潜在用户数据管理示意图

图 18-13 出现间隔数据管理示意图

1. 负荷预测

辅助决策信息系统内置负荷密度指标、自然增长率、同时系数等重要预测参数，并具备分析计算功能，以网格为单位实现负荷预测。系统界面如图 18-14 所示。

□	L1网格编号	包含的L2网格编号	2020 L2网格负荷实际值(MW)	2020 L2网格负荷同时系数	2020 L1网格负荷实际值(MW)	2021 L2网格负荷预测值(MW)	2021 L2网格负荷同时系数	2021 L1网格负荷预测值(MW)	2022 L2网格负荷预测值(MW)	2022 L2网格负荷同时系数
□		L2BABC01-XA008	2.77	1.00			1.00			1.00
□		L2BABC01-XA018	5.89	1.00			1.00			1.00
□		L2BABC01-XA004	2.78	1.00			1.00			1.00
□		L2BABC01-XA005	5.83	1.00			1.00			1.00
□		L2BABC01-XA002	2.81	1.00			1.00			1.00
□		L2BABC01-XA007	3.39	1.00			1.00			1.00
□		L2BABC01-XA031		1.00			1.00			1.00
□		L2BABC01-XA011	0.84	1.00			1.00			1.00
□		L2BABC01-XA017	0.79	1.00			1.00			1.00
□	L1BABC01	L2BABC01-XA006	0.82	1.00	86.97		1.00			1.00
□		L2BABC01-XA001	5.67	1.00			1.00			1.00
□		L2BABC01-XA010	1.42	1.00			1.00			1.00
□		L2BABC01-XA013	6.14	1.00			1.00			1.00
□		L2BABC01-XA020	6.65	1.00			1.00			1.00

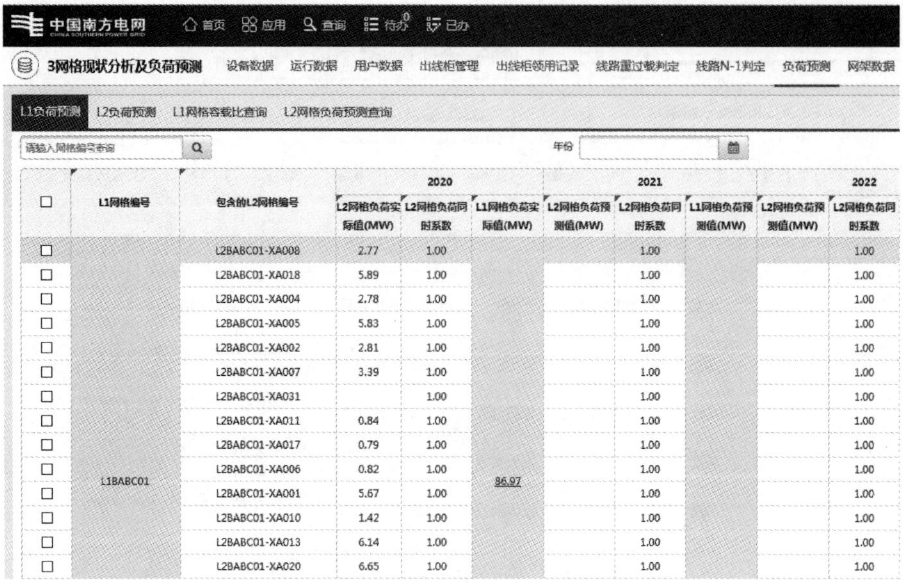

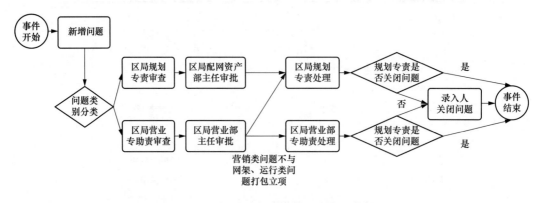

图 18-14　负荷预测数据管理示意图

2. 配电网问题库管控流程

运用“以问题为导向”的管理思路，建立配电网现状问题库，并在此基础之上，将问题库与项目库进行紧密关联，形成包括新增、审批、查询、过程跟踪等一体化的流程管控功能。具体流程如图 18-15 所示。

图 18-15　配电网问题库管理流程示意图

3. 配电网问题统计查询

具备“以问题为导向”的查询、搜索、统计功能，并对问题进行自动分析计算，从而为规划管理人员提供数据支撑。系统界面如图 18-16 所示。

4. 前期项目储备库

以现状问题诊断分析、星级评价为基础，形成各网格问题解决项目库，实现现状问题与解决方案的紧密衔接。系统界面如图 18-17 所示。

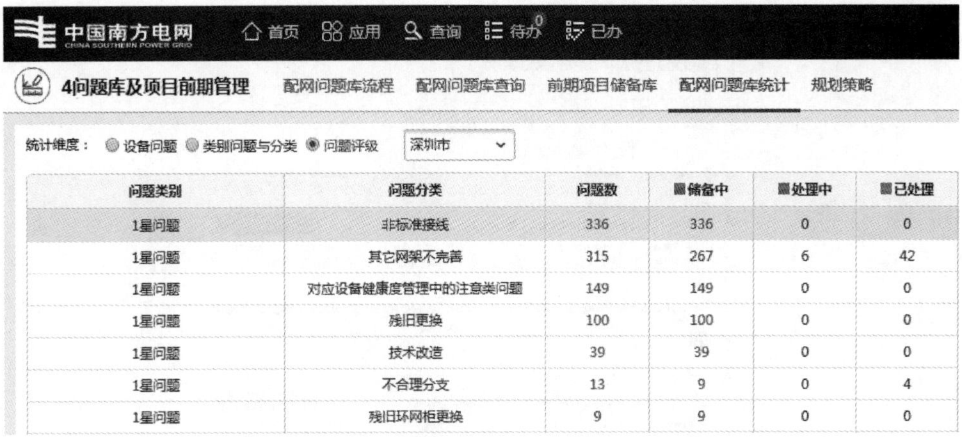

问题类别	问题分类	问题数	储备中	处理中	已处理
1星问题	非标准接线	336	336	0	0
1星问题	其它网架不完善	315	267	6	42
1星问题	对应设备健康度管理中的注意类问题	149	149	0	0
1星问题	残旧更换	100	100	0	0
1星问题	技术改造	39	39	0	0
1星问题	不合理分支	13	9	0	4
1星问题	残旧环网柜更换	9	9	0	0

图 18-16　配电网问题统计查询功能示意图

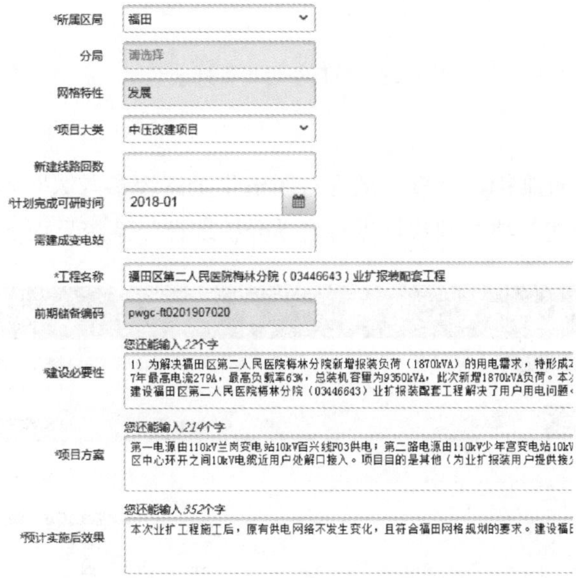

图 18-17　前期项目储备库项目新增功能示意图

18.6　项目全过程管理

基于各网格问题编码，实现从项目前期到竣工评估全过程的管理与应用，内容涉及工程批复、项目调整、投资变更等。系统界面如图 18-18 所示。

18.7　基础数据维护

网格化规划中，数据收集与整理校核至关重要，辅助决策信息系统增设基础数据维护功能，为后续网格化滚动修编提供有力支撑。基础数据维护主要包含指标维护、指标展示、馈线管理、待办线路统计等功能。

图 18-18　项目全过程管理示意图

1. 指标维护

基础指标数据通过维护、审核，最终对网格化全流程参与人员进行针对性发布，发布后的指标可依据前述各项基础数据进行自动分析统计。系统界面如图 18-19 所示。

图 18-19　指标维护功能示意图

2. 指标展示

系统具备清晰直观且具有权限分配功能的指标展示平台，确保各项数据与岗位匹配，既保证指标数据应用的高效性，又可实现数据的安全保密目的。系统界面如图 18-20 所示。

图 18-20 指标展示功能示意图

3. 馈线管理

馈线管理主要应用于对配电网投运或退运馈线的管理，可在辅助决策信息系统中便捷实现新增馈线和删除退运馈线的功能。系统界面如图 18-21 所示。

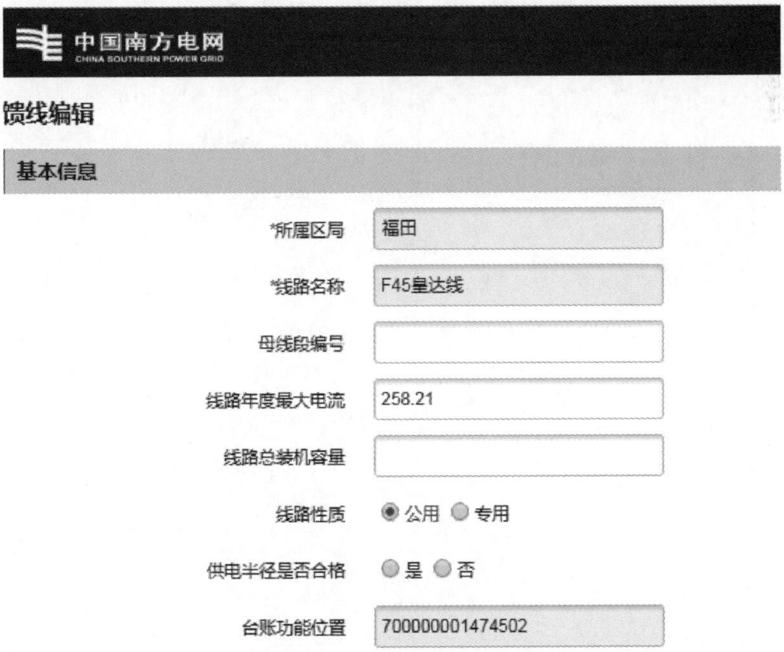

图 18-21 馈线管理功能示意图

4. 待办线路统计

网格化规划是一个实时更新、不断优化的过程，为了便于校核配电网整体建设规模及设备水平，辅助决策信息系统增设了待办线路统计、查询功能，进一步提升了系统的严谨性及完整性。系统界面如图18-22所示。

图18-22　待办线路统计功能示意图

第四篇　国内外典型配电网案例介绍

第 19 章　典型配电网实际案例调研分析

为了以更全面的视角了解国内外配电网规划建设工作，本书在编纂过程中广泛收集整理了国内外先进供电企业典型配电网的公开介绍资料，梳理了其供电模式及建设特点。调研对象选取了香港、新加坡、东京、巴黎地区的供电企业，具体调研内容如下详述。

19.1　设备和电网结构调研结果简述

1. 香港

香港特别行政区总面积 2755km²，其中陆地面积 1104km²，目前分别由香港中华电力有限公司（以下简称中电）和香港电灯有限公司负责供电。其中中电成立于 1901 年，是集发、输、供于一体的大型电力公司，主要承担九龙、新界及大部分离岛在内的共计 1011km² 区域的供电服务，为香港约八成人口（约 570 万）提供可靠电力，其配电网发展建设模式具有较强的代表性。

香港中电建设管理的电网主要由 400kV/132kV/11kV 三个电压等级组成，截至 2019 年底，供电客户约 264 万（另有澳洲地区客户 247 万），输电及高压线路总长度超过 16270km。中电建设的 132kV 及以下电网以电缆线路为主，架空线路则主要以同塔双回架设方式为主，基本没有同塔多回架设方式，以此为设备检修提供方便，减少对负荷造成的影响。11kV 配电网系统基本采用三芯交联电缆，以直埋方式敷设；配电变压器多采用大容量配变，最大变电容量可达 2000kVA；低压出线方面除使用低压柜外，还采用了较为简单的配电盘，同时在每回低压出线侧均加装了电压和电流监测设备。

网架结构方面，以 2～4 回电缆组成闭环运行的馈线组，配电所之间电缆配置电流差动保护，当任何单一线路发生故障时，整个馈线组用户的供电将不会受到影响，完全满足 $N-1$ 运行要求，在一定负载率水平下可满足 $N-2$ 运行要求。在闭环线路组的基础之上，可进一步根据供电可靠性需要，在站与站之间、环网与环网之间建设联络线，以提高局域配电网在不同故障情况下的复电能力。香港中电 11kV 配电网结构示意图如图 19-1 所示。

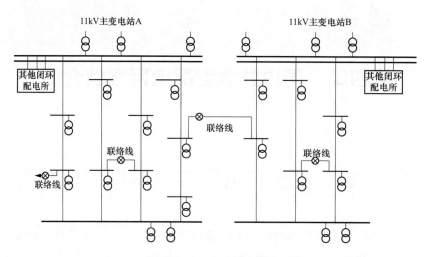

图 19-1　香港中电 11kV 配电网结构示意图

除闭环运行的网络结构外，还存在开环电缆供电方式及闭环线路 T 接环网开关供电方式，如图 19-2 所示。其中开环电缆供电方式主要应用于香港 20 世纪 70 年代公共屋村的供电网络建设；闭环线路 T 接环网开关供电方式则主要应用于施工建设的临时性用电。上述两种网络结构均非代表性接线模式，故不再做详细说明。

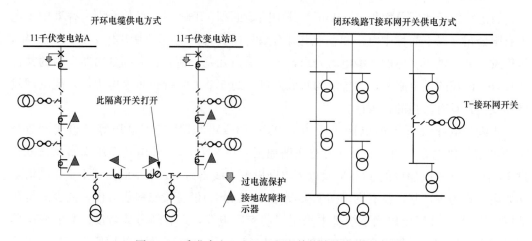

图 19-2　香港中电 11kV 配电网其他接线方式示意图

2. 新加坡

新加坡总面积约 $682km^2$，人口超过 400 万，全年负荷较为平稳，无明显夏季、冬季负荷高峰。新加坡电网共计分为 5 个电压层级，其中输电层级为 400/230/66kV，配电层级为 22/6.6/0.4kV，如图 19-3 所示。

新加坡配电网主要发展 22kV 网络，并存有少量 6.6kV 电网。其中 22kV 电网采用以变电站为中心的花瓣式接线方式闭环运行，环网变电容量 15MVA，且不同变电站的花瓣式环网间设置有 1～3 个联络开关，常态以开环方式运行，如图 19-4 所示。22kV 网络站点均设置有断路器及光纤纵差保护，并已全面实现"三遥"功能，通信网络使用专门的导引电缆通信，能够确保 22kV 线路任一段发生故障时，非故障区域仍可正常供电。

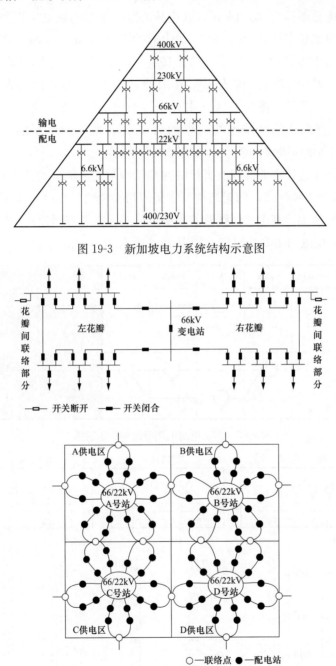

图 19-3　新加坡电力系统结构示意图

图 19-4　新加坡 22kV 网络花瓣式接线示意图

　　6.6kV 电网主要为环网设计、开环运行，并在运行关键策略点设置断路器以减少故障停电范围。同时在低压配电网方面，由规划部门统一制定典型接线模式，于低压母线处设置联络开关，并于低压母线处预留发电车专用接口，以减少低压网络故障所引起的停电影响。

3. 东京

东京电网供电总面积约 39500km^2，其中核心区东京都的供电面积为 715km^2，2015 年东京电力供电可靠性率达到 99.999%，户均停电时间 5min。目前东京电网拥有多个电压等级，输电网以 1000、500、275、154、66kV 为主，配电网以 22、6.6kV、200/100V 为主，其中 154kV 仅为东京外围地区供电，22kV 仅为东京都高负荷密度地区供电。2018 年东京都核心区（中央区、千代田区、港区等）配电网线路电缆化率超过 88%，都区其他区域电缆化率约为 47%，东京配电网的整体电缆化率约为 10%。东京电网电压等级构成示意图如图 19-5 所示。

东京配电网的先进性主要体现在灵活的网架结构与配电网自动化的密切配合。目前 22kV 配电网主要为电缆网络，网架结构以主备线切换模式（双射）、环网模式（单环）、点网模式（三射）为主，其中三回线路的主备线模式，以及点网模式的线路利用率均可达到 67%。22kV 配电网主要接线模式如图 19-6 所示。

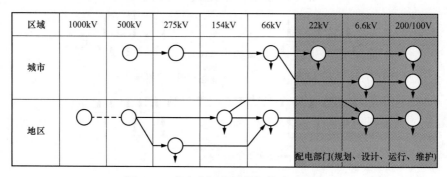

图 19-5　东京电网电压等级构成示意图

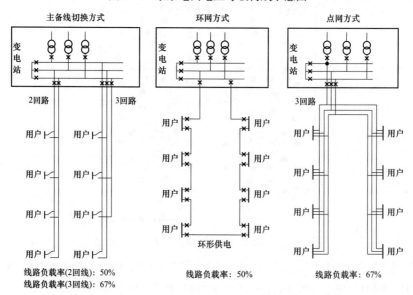

图 19-6　东京电网 22kV 电缆网结构示意图

　　6.6kV 配电网以架空线路为主，主要网架结构为架空 6 分段 3 并网模式（多分段多联络），以及电缆 4 分段 2 并网模式，如图 19-7、图 19-8 所示。其中架空 6 分段 3 并网模式在自动化系统的遥控下，可实现分段、联络开关的快速准确开合，有效控制停电影响，且得益于多回馈线间的负荷转带，该接线模式的线路负载率可达到 85%，在保证供电可靠性的同时，有效提升了供电设备的利用效率。

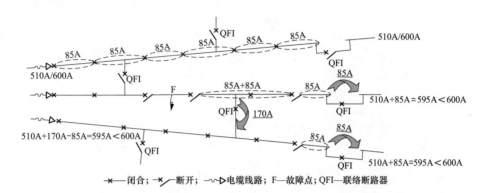

图 19-7　东京电网 6.6kV 架空 6 分段 3 并网接线模式示意图

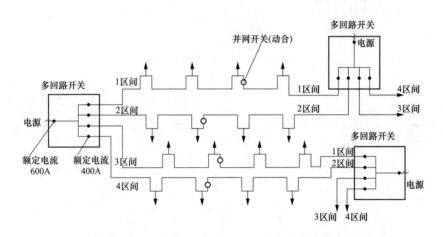

图 19-8　东京电网 6.6kV 电缆 4 分段 2 并网接线模式示意图

4. 巴黎

　　巴黎核心区电网供电面积约 105km²，供电人口超过 300 万，用电负荷以第三产业及居民生活用电为主。目前巴黎电网共分为 5 个电压等级，包括输电电压等级 400kV、225kV、63（90）kV，以及配电网电压等级 20kV、400/230V。其中 400kV 电网以环网方式围绕巴黎建设运行，225kV 变电站采用小容量、多布点的方式深入负荷中心，20kV 配电线路自 225kV 变电站配出后，于巴黎核心区内建设成为内、中、外三个同心圆状主干网络，如图 19-9 所示。

　　巴黎配电网特色主要体现为坚强的 20kV 配电网网络结构，20kV 馈线由 225kV 变电站直降配出，且所有馈线均固定从一侧的变电站受电，并向另一侧变电站敷设，且于另一侧变电站出线处设置联络开关，并以常开方式运行。20kV 线路设有中间分段开关，当某一分段出现故障时，通过开关动作或远程控制可恢复非故障段负荷供电。由于 20kV 配电网强而有力的环状结构，225kV 电网可以以较为简单的网络结构建设，并以很低的容载比水平运行，体现了全电压等级角度考察电网充裕度，以及"强化两端、简化中间"的区域电网建设理念。巴黎城区 20kV 网络结构示意图如图 19-10 所示。

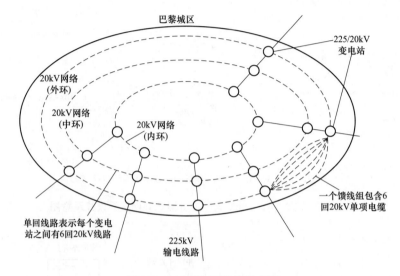

图 19-9 巴黎电网结构示意图

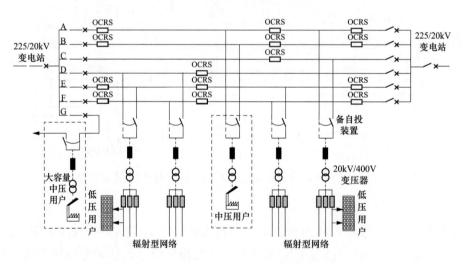

图 19-10 巴黎 20kV 配电网网络结构示意图

19.2 运行维护调研结果简述

1. 香港

香港中电十分重视设备设计标准化建设，其 11kV 馈线的额定容量统一为 7000kVA、配变容量统一为 1500kVA，在有效统一设计标准化水平的同时，进一步减少了备品备件的储备情况。

实际运行过程中，中电借助其完备的配电网络和配电网自动化系统，在配电网线路 $N-1$ 状态运行时实现继电保护动作，对非故障段不造成任何停电影响；在 $N-2$ 运行状态时，通过配电网自动化系统可在数分钟内实现负荷转供；$N-3$ 甚至 $N-4$ 状态时才需要通过人工方式进行故障隔离和复电。通过调研可知，香港中电运行维护的突出特点主要集中在两个方面，一是良好的中压设备质量，二是完善的配电网故障应急体系。

中压设备质量方面，中电与用户的资产分界点为低压总开关，配电房占地及土建由客户提供。中电对配电网设备采购进行严格管理，均采用国际知名公司产品，以记分制考核供应商设备质量。设备选型标准统一、型号集中，有效节省运维成本（包括运行维护、技能学习消化、安装成本、备品成本及管理成本），大幅度降低运维难度。

故障应急方面，中电建设有故障及停电管理系统（TCOM），配合配电管理系统等信息化手段，可实现故障信息的快速判断，以及故障区域的快速隔离；同时匹配以紧急抢修人员、移动发电车等处置手段，有效减少故障情况下的停电范围及停电时间。

2.新加坡

新加坡电网企业与用电客户各自管理产权设备，职责界定清晰，设备标准统一，用户电房及自购设备须执行严格的技术标准，且技术标准由政府统一制定并颁发执行，用户在具体建设时设备水平不得低于政府公布的电网设备标准。

与此同时，新加坡电网制定了严格的停电管理规定，并依托于灵活的网架结构，以停电需求及停电影响为依据，详细制定了所有计划停电的实施方案，避免了运行维护工作对用户产生停电影响。具体运维过程中，新加坡电网还在所有检修车辆上配置了快速接入发电机，并配备了充足的发电车辆（单体发电车的最大发电容量可达 1000kVA），于境内分区布置并按计划待命，配电房低压侧均预留接口，有效降低了运维工作对用户供电可靠性的影响。

新加坡电网亦在状态监测、状态检修方面积累了十余年的丰富经验，主配电网状态监测已形成体系化、常态化运作模式，可全面替代停电预防性试验；同时，根据设备状态评估结果动态调整监测周期，有效降低了检修频率和设备故障率，进一步通过运维管理水平的提升，支撑了配电网高可靠性供电目标的实现。

3.东京

东京配电网的运行维护工作与国内相似度较高，主要包含巡检、检修、巡回检查等方式，其中巡检侧重于全部设备的目视检查，检修则重点查看目视无法调查的老化及功能损失问题，巡回检查则是除定期巡视、检修之外，当供电设备运行环境产生较大变化或发生自然灾害（以地震为主）后，对供电设备进行必要的目视检查。

除去常规运维工作外，东京配电网在运维过程中还补充运用了高精度的运维养护工具，以及基于大数据分析技术的事故预判手段。高精度运维工具主要为红外线成像仪、微放电监听设备，以及高灵敏度的导体电阻监测设备，为设备问题的尽早预判提供了硬件支撑。同时东京电力公司依托于多年配电网运行监测数据，通过大数据分析技术，逐步建立了事故电流波形的自动分析与预判体系，亦在一定程度上提升了配电网的运行维护水平。

同时值得一提的是，东京电力公司大力发展带电施工、旁路施工等建设、运维技能，有效减少了施工作业对用户的停电影响。经统计分析，自 1985 年引入无停电施工技术以来，东京配电网因施工引起的停电时间由技术引入前的年均 69min，快速降低至 10min 以内，至 2000 年因施工引起的停电时间已控制在每年 2min 左右的水平。

4. 巴黎

巴黎配电网在运行维护过程中注重供电设备的质量管控，设备选型与工程建设均有着完备的标准体系。供电设备多采用国际知名制造厂商产品，质量获得保障，有效降低了设备故障概率及检修次数。

法国电网公司在状态检修过程中，主要以变电站整体运行水平作为评价目标，并依据相应评价标准设定额定检修周期、改善周期以及加强周期，从而实现根据设备情况具有针对性开展状态检修工作的目的。

法国电网公司同样具有较为成熟的带电作业技能，已构建形成了完备、成熟的带电作业工作规范，有效降低了运维检修工作对用户造成的停电影响。

19.3 配电网规划调研结果简述

1. 香港

中电电网以安全、可靠、稳定且具有一定经济效益为规划目标，其中 400/132kV 主网规划设计严格遵循 $N-1$ 准则，400kV 主电网采用闭环式设计，与深圳电网及港灯电网联络，以提供紧急状态下的互相支持；132kV 主网亦采用闭环式独立运行设计，并设有联络线与其他主网相联络，以确保满足 $N-1-1$ 运行需求。主网规划设计技术标准每三年修订一次，经政府同意后执行。

配电网规划采用闭环接线设计，合环运行。由 N 回线路组成的馈线组，在环内负荷相同且各段电缆型号与长度相同的情况下，其线路最高平均负载率可达 $(N-1)/N\%$。配电网规划设计技术标准与主网相同，同样为每三年修订一次，但配电网规划设计标准属企业标准，无需进行政府审批。

负荷预测方面，香港政府在每块土地开发规划时均会邀请中电参与负荷发展评估，由中电规划技术人员提出新增变电站、电力通道和配电房的预留需求，并经政府纳入土地开发规划。后续中电每年开展规划期为 10 年的电网规划修编工作，并经政府审批后执行。

智能电网发展规划方面，早期中电的建设重点以提升自动化水平为主，预计未来将重点关注新技术的引入，包括大数据应用、可再生能源（以太阳能光伏为主）应用、电动汽车充电接入调控、储能应用、无人机检修等。

2. 新加坡

新加坡配电网规划采用安全可靠性分级的规划理念，针对不同用户采用 $N-1$、$N-2$ 等不同可靠性水平的规划原则，规划过程中十分重视安全可靠性与建设成本的平衡，同时亦将网络运行灵活性与区域负荷发展的匹配性作为规划重点，规划项目重点考虑易操作性及后期运维便捷性。规划过程除技术人员参与外，还将地理信息系统（GMAP）、网络规划和建设信息系统（NPAC）、监督控制及数据采集信息系统（SCADA）作为辅助工具，以提升规划效率及成果质量。

负荷预测工作采用"由下至上"的预测方法，预测年限一般以 10 年为一周期，支撑负荷增长的预测数据主要来源于电力用户用电咨询与申请信息、政府机构及主要商业开发商的发展规划；在此基础之上由规划技术人员依据不同的负荷性质及负荷发展阶段，对预测系数、负荷增长系数等进行调整，最终预测总值须与新加坡能源市场监管局的系统总负荷预测结果相符。

二次网络规划方面，新加坡配电网已全面实现"三遥"功能，且已将配电网自动化要求纳入统一的配电网规划原则、建设标准和设备技术规范，新增工程一、二次设备均为一次性建成。通信网络使用专门的导引电缆通信，全面实现"三遥"。

3. 东京

东京配电网系统的基本规划思想主要有四点，一是确保系统供电能力能够适应负荷增长需求，二是持续改善对用户的服务水平，三是努力实现电网与地域社会环境的协调融合，四是坚持规划投资及建设成效的合理匹配。具体规划工作的开展过程与国内情况较为相似。

东京配电网在规划工作的开展以及规划项目的具体实施过程中，十分重视技术纪律，严格执行了规划技术原则中的相关标准，且如架空配电线路多分段多联络接线方式、高压变电站 3 主变接线方式等技术标准，自 20 世纪 60 年代至今，始终未发生改变，由此确保了配电网规划成果的稳定性和延续性，亦为后续配电自动化等技术的应用与实施，奠定了稳定、灵活的配电网网架基础。

4. 法国

法国电网采用"远近结合"的规划思路，首先制定全国电网 30 年及以上的远景发展规划，在此基础之上进一步从大区（法国电网共分为 8 个大区公司）与地区层面开展 10 年期的中期规划，最终在前述中、长期规划成果的基础之上，开展为期 1～5 年的短期规划。三类规划各有侧重，远期规划主要决策电网发展技术选择的战略性问题，如电压等级、目标接线等；中期规划以变电站布点、目标网架、过渡方案为主要规划内容；短期规划则重点解决近期工程建设及现状薄弱环节改造等问题。其中中长期规划每 4 年修订一次，短期规划逐年滚动。

中长期规划对电网发展具有极为重要的影响作用，法国配电网公司（ERDF）非常重视 10～30 年期的电网规划成果。为此，为了在实际规划过程中能够全面获取法国详尽的地理规划信息，掌握未来 5 年的国土整治、城市规划发展等趋势，法国配电网公司成立了专门的业务部门负责与地方政府规划部门进行沟通对接，其部门核心职责是分析论证地方政府国土规划计划，并提前与国土规划的相关专家进行深入沟通，从而为电网中长期规划确定准确、详细的规划边界。

19.4　调研分析成果总结

结合国外先进供电企业调研分析结果可以总结如下特点：

（1）中压配电网发展建设水平是影响整个区域配电网水平的关键所在，中压配电网供电模式越先进，则区域配电网的可靠性及运行经济性整体水平越突出。

（2）先进供电企业典型供电方案的共同特点是联络水平高、负荷转供能力强，且可靠性水平与线路联络水平、负荷转供能力在一定程度上呈现出正比关系。

（3）配电自动化建设是影响区域配电网可靠性水平及经济运行水平的关键因素，将配电网一次网架建设与配电自动化建设相结合，能够有效提升区域配电网的整体运行水平。

（4）合环运行、状态监测、带电检修等技术的应用，能够进一步优化区域配电网的建设和运维，在配电网整体建设水平提升的过程中具有关键性影响作用。

第 20 章　国内典型配电网网格化建设实例分享

本章节以深圳、东莞高可靠性特征配电网建设案例为代表，对面向高可靠性供电需求的配电网网格化规划建设工作进行介绍，以供读者参考借鉴。

20.1　深圳福田 2.5min 高可靠性配电网规划建设

20.1.1　总体实施情况

1. 建设思路及必要性

福田中心区位于深圳原特区中心，北依莲花山，南眺深圳湾，由滨河大道、莲花路、彩田路及新洲路干道围合而成，总面积 607 公顷（其中莲花山公园 194 公顷）。中心区以深南大道为界，分为南北两个片区，南片区的用地功能以金融、贸易、信息、商业等为主的中央商务区，北片区以行政、文化、科技、会展为主要功能。区位示意图如图 20-1 所示。

福田中心区是深圳的行政、金融、文化、商贸和国际交往中心，集中了全市 70% 以上持牌金融总部机构、50% 以上创投机构、70% 以上物流总部，世界 500 强

图 20-1　福田中心区示意图

企业达到 60 多家，经济产出密度超过香港，对供电可靠性要求极高。深圳供电局对标处于分钟级可靠性建设水平的新加坡、巴黎、东京和香港等城市核心区，以客户年均停电时间不超过 2.5min 为目标，在福田区开展高可靠性示范区建设工作，确保客户平均停电时间至 2018 年时低于 2.5min，达到国际顶尖水平，与深圳市率先全面建成小康社会的目标相衔接、相对应。

2015 年建设初期，福田全区供电量 70.33 亿千瓦时，售电量 68.23 亿千瓦时；网供最高负荷 1646MW；供电可靠率（RS-3）99.9925%，客户平均停电时间为 39.6min。其中，福田中心区客户平均停电时间 32min，10kV 及以下综合线损率 2.99%，综合电压合格率 99.996%。福田中心区共承担 9882 户用户的供电任务，其中低压用户 9522 户。福田中心区共有 L2 供电网格 15 个，馈线组 47 组，馈线 124 回，公变 64 台，专变

750 台。

高压配电网方面，2015 年福田全区共有 110kV 变电站 20 座，主变压器 54 台，变电总容量为 2869MVA，10kV 间隔 838 个。各项关键指标情况如表 20-1 所示。

福田区 110kV 变电站容载比 2.15，整体供电容量充裕；10kV 间隔利用率高达 90.93%，资源紧张，特别是福田中心区出线间隔利用率已达 96.4%，高压配电网负荷供应能力急需提升。福田中心区中压配网供电网格划分情况如图 20-2 所示。

表 20-1　福田区高压配电网综合评价表

评价项	福田区指标	福田中心区指标
110kV 变电容载比	2.15	1.9
重过载变电站比例（%）	0.00	0.00
不满足主变压器 $N-1$ 变电站比例（%）	10.00	0.00
变电站间隔利用率（%）	90.93	96.4

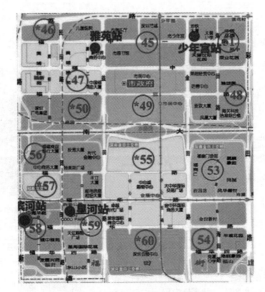

图 20-2　福田中心区网格地图

中压配电网方面，福田中心区共有 47 个馈线组，已实现标准接线的馈线组有 42 组，未形成标准接线的馈线组中有 1 组属于多联络，4 组属于单辐射。福田中心区中压配电网主要网架结构如表 20-2 所示。

表 20-2　福田中心区线路现状统计

分类		馈线数（回）	占比（%）
双电源	公线	42	33.87
	专线	38	30.65
非双电源	N 供一备	30	20.19
	其他非标准接线	14	11.29
合计		124	100

低压配电网方面，福田中心区共有公变（抄表到户变压器）64 台，低压用户 9522 户，公变总容量 66235kVA。

在接线模式方面，一般采用以配电变压器为中心的树状放射式结构，供电可靠性偏低。接线模式如图 20-3 所示。

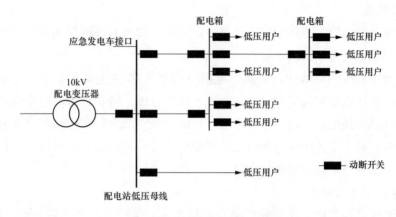

图 20-3　现状低压网架示意图

2. 配电网提升原则

结合福田中心区 N 供一备标准接线和双（多）电源环网接线的建设现状，在完善网架的基础上，分别对形成 N 供一备接线的馈线组进行"全断路器＋光纤纵差"改造，对双（多）电源环网馈线组进行配电网自动化改造。

对于 N 供一备标准接线方式，利用线路差动、母线差动及网络拓扑保护隔离故障，通过联络开关备自投实现自愈。一次设备全部配置断路器，二次设备配置光纤差动保护和区域自愈，后备保护由网络拓扑保护及开关失灵保护作为近后备，主干线断路器等过流保护作为远后备。针对双（多）电源环网接线方式，通过用户侧备自投和配电网自动化遥控操作方式实现故障快速隔离和复电。

3. 实施评估

2018 年，福田全区供电量 78.52 亿千瓦时，同比增长 1.091%，最高负荷 179.8 万千瓦。每千瓦时电能为 GDP 贡献达 50 元，为深圳全市平均水平的 2 倍。项目建成实施后，福田中心区自动化覆盖率、智能电能表覆盖率、低压集抄覆盖率均达到 100%，供电可靠率达到 99.9996%。2019 年福田中心区高可靠性示范区客户平均停电时间仅 0.19min，供电可靠率提升至 99.99996%，达到世界顶尖水平。同时，供电可靠性的提升也为改善营商环境提供了有力支撑，2019 年国家发展改革委对全国营商环境进行评价，深圳荣获"获得电力"指标全国第一的殊荣，建设成绩得到了社会各界及域内专家的广泛肯定。

20.1.2　高可靠性配电网特征和技术路线分析

福田中心区 2018 年电网建设运行需满足"主配电网计划停电、变电站 10kV 母线非计划停电及配电网中压故障停电不影响用户供电"的基本条件。为此福田中心区电网需达到以下水平：①变电站单一 10kV 母线停电可通过馈线完全转供电；②公用配变站馈线所有专变均具有故障隔离装置，所有公变均通过独立断路器单元接入主干线；③所有公变低压侧均应联络，且应配置低压应急快速接入装置。

1. 网架建设

一是优化主网结构，消除主网运行风险。220kV 构筑双环网结构，110kV 电网采用双回链式结构或不完全双回链式结构。

二是完善中低压网架结构，提高配电网可转供电和快速复电水平。包括：网架方面，对中心区中压线路实施配电自动化改造；低压方面，将具备条件的配电站改造为双配变＋低压联络接线模式；用户接入方面，当单个分支节点所带低压用户数超过 250 户时应串入主环；对于新建小区，配电站按双配变建设，并在相邻配变低压侧设置联络线与联络开关，预留一定的配变备用容量。

2. 配电自动化及通信

福田中心区采用智能分布式配电网自愈技术，主保护采用"线路差动＋母线差动"方式，将故障隔离在最小范围；近后备采用"基于信号量纵联的网络拓扑保护及开关失灵保护"，远后备采用"过流保护"。通信网络采用与电气拓扑结构一致的通信光缆直连，通过 GOOSE 实时交互。并自主研制全功能一体化智能配电终端，实现区域保护、三遥、电能计量与电量采集、配变与低压分支负载监控、低压集抄、电能质量与电压监测、设备状态监测及综合环境监测等功能，同时一、二次接线试点应用即插即用预制式航空插头，实现现场快速安装和运行免维护。

3. 配电网装备技术

一是对标世界先进设备标准，制定适用于福田中心区 N 供一备＋断路器＋自愈控制的一、二次设备技术标准，其中一次设备借鉴香港中电断路器、主网开关柜等设备技术标准，完善、提高断路器气室密封性、焊接工艺、内部燃弧、套管强度等 12 个方面技术要求，二次设备包括自愈控制保护功能（线路光纤纵差，母线保护，失灵保护，后备保护）、测控功能（遥信、遥测、遥控）及自愈功能（自投和自投前过载预判），同时充分考虑配电网设计、安装及运维水平存在问题，采用航空插头设备实现一、二次设备连接标准化。

二是修编高可靠性示范区关键设备采购策略，调整"技术、商务、经济标权重""经济标算法"等关键招标因素，侧重提升采购设备技术质量。同时开展配电网自动化一、二次设备供货商资质能力评审，按照"简单、实用、高效"原则，对供货商质量体系、产品许可、产品检验、技术参数等进行审核，为选优提供支撑。

三是技术人员赴厂进行设备联调及 RTDS 仿真，确保技术方案严谨正确。

四是优化了品控及抽检标准，重点加强断路器一次电气性能检测及线缆类物资阻燃性能检测，同时开展开关柜内电缆附件、配变绝缘油等原材料及零部件质量抽查，开展配变温升试验、雷电冲击试验，电缆附件动热稳定试验等特殊试验抽查，全面检验设备质量。完善品控传递及闭环管理机制，及时将问题进行管控处理，通过约谈处理供应商，严控了供应高可靠性区设备质量。

五是优化项目建设管理，创新开展馈线组设备到货验收及线下联调工作。为减少停电时间，创造性采用现场停电施工前的线下联调，在福田园岭开闭所放置馈线组设备，完成了整组馈线的一、二次融合调试，确保入网设备可靠运行。

4. 运维管理

以高可靠性示范区或智能电网示范区为代表的先进配电网已陆续启动规划、建设，基于当前电网运维模式，结合先进配电网的规划目标及技术路线，供电企业提出"一体化运维、差异化管理、智能化巡检、数据化驱动"的总体要求，并通过构建"云大物移智"平台，打造"安全、可靠、绿色、高效"的智能电网。

福田中心区已立项规模化推广电缆沟智能监测、智能低压台区，至 2018 年年底已建设完成电缆沟智能监测设备 92 个（覆盖 7.2km 高风险电缆沟），改造低压台区 469 个。同期开展电缆数字化系统研发，提高中压电缆精益管理水平，构建智慧运维平台，形成差异化运维策略，降低人员工作量，提高巡视检修效率和质量，提升作业安全，有效支撑"计划停电为零、故障停电趋零"目标的实现。

不停电作业方面的主要工作包括为：开展中低压旁路作业，减少对用户的停电影响，探索"就地取电式"旁路作业方式，研制出国内首辆旁路式移动环网柜车；采用"分级就地供电式"低压旁路技术，解决原有低压用户出线电缆长度及抽出困难问题，研制出了移动式低压旁路柜、低压电缆转接箱、低压转接头等关键设备，解决了低压出线数量多及现场空间紧凑等问题。

20.1.3 高可靠性配电网的发展方向和建设策略

福田中心区高可靠性示范区的建设，验证了在城市配电网建成区通过高性价比的改造方式实现高可靠性升级的可行性。在网格化规划成果的基础之上，实现了可复制、可拓展、高适用性的技术方案。打造了在高度成熟区域高质量开展复杂配电网改造的全流程建造样本。形成了高可靠性供电配套的运行、保护、装备、管理技术标准，丰富了供电企业的建设标准体系。实现更多维的智能配电网升级，并进一步探索领先配电网运营模式。

20.2 东莞中心城区高可靠性配电网规划建设

2016 年，东莞供电局围绕建设世界一流配电网的目标，以如何实现首个"1"的可靠性目标（即指南方电网 10 个主要城市城区客户年平均停电时间少于 1h）为总抓手，坚持化繁为简的理念，在排除管理等人为因素影响的前提下，聚焦配电网物理结构的探索与研究，深度思考与论证配电网物理系统与"停电一小时"可靠性目标的关联关系。

为了探寻高可靠性配电网的共同特征，通过深入挖掘国内外一流配电网结构形态、设备水平、关键指标等方式，经过逐一提炼总结，构建形成了"停电一小时"目标的九类特征要素及三类特征指标，以此指导东莞中心城区电网建设改造工作的开展；在此基础之上进一步开展停电故障量化分析及试验区成效验证等工作，充分论证特征要素、特征指标的有效性及可行性，实现顶层规划技术原则的不断优化与完善，从而最终指导东莞配电网"停电一小时"特征电网建设目标的顺利实现。

20.2.1 总体实施情况

1. 建设思路及必要性

东莞中心城区位于东莞六大片区的中心，由东江大道、东江南支流、环城西路、水濂山路，以及珠三角环线高速路等围合而成，总用地面积 222.4km²，供电面积 179.75km²，居住人口约 130.02 万人。

中心城区是东莞的综合服务中心、行政文化中心和高品质生态宜居地，是东莞市打造"一中心多支点"的城镇空间布局结构的关键一环。作为 A 类供电区，中心城区包括新发展区、成熟区、不确定区等所有配电网典型区域。

东莞电网提出促进智能电网、综合能源综合发展，全面提升供电可靠性的发展目标，对标国际一流供电企业，以客户年均停电时间不超过 1h 为目标，选取对供电可靠性要求高且具有示范性的中心城区作为高可靠性示范区。

2016 年建设初期，东莞中心城区供电量为 73.86 亿千瓦时，网供最高负荷 153.447 万千瓦；供电可靠率（RS-3）99.9598%，低压用户数 420973 户。

高压配电网方面有 220kV 变电站 5 座，110kV 变电站 17 座，主变压器容量 2714MVA，110kV 输电线路 67 回，长度为 313.097km。

中压配电网方面，公用馈线 538 回，公用配变 2001 台，接线模式以 2－1 单环网、3-1 单环网为过渡方案，自动化水平有待进一步提升。东莞中心城区 2016 年配电网指标水平如表 20-3 所示。

表 20-3　东莞中心城区 2016 年配电网指标水平

指标目标	国际领先	国际一流	中心城区
客户平均停电时间	0.50h	1.00h	3.77h
可转供电比例	100%	100%	89.70%
重复停电用户比例	1.00%	10.00%	3%
月度停电计划执行率	97.00%	95.00%	96%
临时停电率	—	—	0
延时送电率	—	—	5%
带电作业比例	80.00%	70.00%	41.20%
中压线路故障率	1.5	2.8	3.05
用户出门故障率	—	—	0.43

东莞中心城区 2016 年配电网指标水平　　　　　　　　　　　　续表

指标目标	国际领先	国际一流	中心城区
雷击跳闸故障率	—	—	0.868
外力破坏故障率	—	—	0.12
重复故障线路比例	—	—	2.91%
配电网自动化覆盖率	100%	100%	66%
自动化终端在线率	98.85%	98.85%	84%
主网 $N-1$ 通过率	100%	100%	95.38%
站间联络率	90%	80%	55.22%
配电网可转供电率	100%	96%	84.16%
典型接线比例	99%	94%	78.18%
10kV 线路平均分段数	4.5	3.7	1.67
计划停电实际转供电率	90%	80%	40%
故障停电实际转供电率	50%	35%	39%

打造高可靠性配电网的主要措施为：一是规划上级电源，对高压配电网目标网架进行梳理，从源头保障 10kV 配电网电源充足；二是开展 10kV 配电网的网格化规划，通过负荷预测、网格组网、自动化通信配套规划，分别对发展成熟区、不确定区、快速发展区进行了网架的拆、组、配，并进行了多方案比选寻优，推进网格化规划有利于明晰供电区域、简化网架架构、支撑自动化水平。

2. 建设方案

（1）电网建设规模。

城区供电分局现状共有 21 个变电站，724 个 10kV 出线间隔，已用 656 个，变电容量合计 3402MVA。远期负荷预测为 3533.24MW，共计划分 207 个网格。近期负荷预测为 1958.51MW，中期负荷预测为 2063.91MW，近中期划分为 143 个供电网格。

（2）网架接线模式。

结合中心城区配电网现状，中压接线模式采用 N 供一备标准接线，优点在于设备利用率较高，且相较于 $2-1$ 向 $3-1$ 单环网的过渡方式，$2-1$ 单环网向 N 供一备过渡、组网相对容易。

在完善网架接线的基础上，同步改造工程对中心区分接箱进行断路器柜成套自动化改造、线路段数划分、负荷平衡方面的调整，降低停电影响范围。

（3）配电自动化。

中心城区现有中压线路 538 回，已实现自动化的中压线路 323 回，实现三遥 79 回，二遥 192 回，一遥 52 回；全网自动化覆盖率 60.04%，馈线自动化率 26.02%。配电网自动化终端共 1034 台，其中 DTU675 台，FTU68 台，电缆型故障指示器 195 台，架空故障指示器 96 台，自动化水平偏低。具体情况如表 20-4 所示。

表 20-4 东莞城区自动化水平现状

线路回数	"一遥"线路回数	"二遥"线路回数	"三遥"线路回数	配电自动化覆盖率（%）	馈线自动化覆盖率（%）
538	52	192	79	60.04	26.02

城区为 A 类供电区，电缆线路建设目标为智能分布式，架空线路为电压电流型就地馈线自动化，但由于设备数量庞大，需兼顾资产生命周期，因此电缆线路考虑电压电流型就地馈线自动化作为过渡，逐步将设备更换为成套断路器柜。

（4）配电通信。

中心城区配电网通信网络包括光纤专网、无线公网、无线专网三部分，其中光纤专网应采用配电网骨干层网络、配电网接入层网络的分层结构。

3. 实施评估

截至 2018 年，中心城区供电量达到 78.0317 亿千瓦时，同比增长 3.22%，网供最高负荷 155 万千瓦。每千瓦时电能为 GDP 贡献达 17 元。自动化覆盖率、智能电能表覆盖率、低压集抄覆盖率均为 100%，客户平均停电时间已达到 0.89h，综合电压合格率为 100%，提前达到国际一流水平。

项目建成实施后，中低压各项指标将全面达到 100%，在重点区域客户平均停电时间将有可能进一步缩小到 5min。

经济效益方面，停电时间降低至一小时，每年增收电费约 326 万元，若按东莞全市达到一小时水准测算，每年增收电费约为 3500 万元。

中心城区一小时电网规划已逐步推广至全东莞区域。"一小时特征电网"规划理念适用于大部分供电区域应用，建设成果得到了广泛认可。

20.2.2 高可靠性配电网特征和技术路线分析

东莞中心城区高可靠性规划创新性运用精益管理的思路，按照 DMADV 规划设计流程推进，经定义、测量、分析、设计、验证五个阶段，以主配电网规划联动作为主线，从网架结构水平、智能自动化水平、关键指标等层面深化分析内容。结合中心城区实际停电情况分析，首要解决主网和配电网预安排停电、中低压故障停电不影响或少影响用户等问题，中心城区电网需满足主网 $N-1$ 校验、配电网可转供电率、馈线自动化覆盖率达到 100%，站间联络率不少于 70%。东莞特征电网规划体系如图 20-4 所示。

1. 网架建设

一是优化主网网架结构，消除主网运行风险；二是完善中低压网架结构，提高配电网可转供电和快速复电水平；三是调整低压网架结构，提高相邻配变台区的协同作用。

2. 配电自动化及通信

（1）配电自动化。

中心城区采用全断路器一体的智能分布式配电网自愈技术，对中心城区内公用分接箱、公用配电房按全生命周期分批次更换，实现全域的三遥馈线自动化覆盖，最大程度发挥智能分布式自愈在 N 供一备接线模式下的效果。

类别	特征
特征电网结构	城区、生态网2020年1h
网架结构	电缆线路：两供一备、三供一备
	架空线路：N 分段 n 联络
自动化技术路线	电缆线路：智能分布式
	架空线路：电压电流型就地馈线自动化
通信方式	电缆线路：光纤通信
	架空线路：无线公网
大分支处理方式	调整或者支线环网
多级分支	消除或调整
用户接入方式	严禁在主干线上"挂灯笼"，按网格化规划供电区域划分接入
分段要求	不超过2000个低压用户、6个中压用户（含分支上用户）
其他配备	支线环网、双配变、快速接入

注：支线的中压用户数大于总用户数50%

指标分类		指标值
一类指标	110kV主变"N-1"通过率	100%
	110kV线路 N-1 通过率	100%
	同母线路比例	0%
	过载比例	0%
	10kV电缆重过载率	0%
	10kV线路可转供电率	100%
	10kV线路典型接线率	100%
	单辐射线路比例	0%
	馈线自动化覆盖率	100%
	配电自动化覆盖率	100%
二类指标	10kV线路站间联络率	≥70%
	重载站比例	<1%
	10kV线路平均分段数	≥3
三类指标	运行年限超过20年电缆的比例	<3%
	运行年限超过20年开关的比例	<3%
	运行年限超过20年配变的比例	<3%

图 20-4　东莞特征电网规划体系

（2）配电网通信。

中心城区内通信光缆将与电缆同步规划、建设，光缆主要覆盖主干线路和支线上的一级用户。光缆成环建设满足 $N-1$ 可靠性要求，起始点设在变电站，以"环状"形态覆盖"三遥"节点，采用 48 芯及以上光缆。已有光纤等专网覆盖的区域，配电自动化终端、配变监测（负控）终端、集抄集中器则优选专网通信方式。

3. 配电网装备技术

经分析，中心城区中压线路中间头较多且故障率较高，通过试点运用电缆热熔接技术，降低电缆中间头因施工质量不稳定而造成停电的概率。在特定区域采用小型化成套断路器柜代替原有三遥成套断路器柜，很好解决旧式三遥断路器柜体积过大布点难的问题，同时减少对沿路居民和城市美观的影响。

4. 运维管理

依据《东莞市城市总体规划》的城市规划布局，考虑地块发展趋势等因素，结合中心城区变电站分布情况划分供电中区，同步考虑"自上而下"的负荷预测以及现状高峰负荷情况，初步定义供电中区的范围。

按照拆、组、配方式对中心城区配电网网架重新组网，统筹网格内的现状问题，按照近期、中期、远期将成熟区、快速发展区、发展不确定区分层开展问题收纳及传递工作，使网格内的供电清晰可靠。

通过与调度联合开发应用配电网一二次网架信息共享平台，在平台上可以展现现状的 10kV 线路走向、自动化装备，并区分为规划态和现状态，考虑充分网格划分及网架结构，在平台上初步实现网架优化、自动化布点、通信光缆布局规划。

同步考虑了多种补充措施，中压常态化合环转供电、中压支线环网、中压旁路带电作业、低压双配变配置、停电快速接入等，进一步减少中心城区高可靠性区域建设对用户的停电影响。

20.2.3 高可靠性配电网的发展方向和建设策略

中心城区高可靠性区的建设，验证了城区"一小时特征电网"的可行性，为远期在重点区域实现客户停电时间少于5min的可行性提供了有力的理论支撑。

按照"一小时特征电网"开展电网建设，能够促进供电企业优先投入资源解决导致停电的关键问题，提高供电可靠性。选取成熟的区域打造局部一小时特征电网，为后续全市推广高可靠性配电网指明了方向。

按照"一小时特征电网"提出的网格化规划方法对城区电源及网架结构合理布局，优先关注影响停电的电网一类指标，有效减少了客户停电时间，提升客户满意度，为东莞地区经济社会发展提供更加智能、可靠的电力。

按照"一小时特征电网"的电网投资策略模型开展电网投资建设，一方面能有效整合配电网资源，实现资源共享，提高投资效益；另一方面对企业的产投贡献巨大，提高供电企业的社会公信力，对地方经济的稳步增长奠定基础，亦有利于供电企业在政府机关加快推进电网规划建设工作。

20.3 基于可靠性目标的世界一流特征配电网研究

按照南方电网公司《关于融入和服务深圳中国特色社会主义先行示范区建设的重点举措》和深圳供电局《关于融入和服务深圳中国特色社会主义先行示范区建设的行动计划（2019—2025）》发展目标要求，深圳供电局2025年客户平均停电时间应小于10min，2035年应小于5min。但什么样的电网及运营水平才能够支撑如此高的可靠性目标？现有的规划建设标准、装备配置标准、技术路线是否满足高可靠性配电网的需求？此类问题以往多以经验判断为主，缺少系统化、定量化的严谨分析。

为了系统性阐述上述问题的解决方案，深圳供电局自主开展了专题研究，参考国际通行的供电可靠性理论计算方法，搭建了供电可靠性评估模型，收集了影响供电可靠性的主要指标参数的历史数据，通过推导测算，得到基于供电可靠性目标的世界一流特征配电网指标体系及分阶段目标，用于指导深圳后续电网规划建设、装备选型、配电网自动化技术路线、可靠性目标分解等工作。

20.3.1 供电可靠性目标分析

2019年深圳供电局客户平均停电时间为32.4min（按照IEEE 1366标准统计），为了实现"2025年客户平均停电时间小于10min，2035年小于5min"的建设目标，结合现状深圳配电网网架装备及供电区划分等差异化结果，对A＋、A类供电区域的分区建设目标进行细化，具体目标分解结果如表20-5所示。

表 20-5　深圳配电网分区供电可靠性目标分解表

所属分区	SAIDI（min）		终端用户数占比（%）
	2025 年	2035 年	
深圳市	10	4.98	100
A+类供电区	4.73	2.48	42
A 类供电区	12.62	6.55	58

20.3.2　供电可靠性评估方法

影响用户供电可靠性的因素，可以分为预安排停电及故障停电两大类，其中预安排停电受配电网投资建设强度、停电管理、不停电作业技术等多种因素的综合影响。参考行业内通行做法，供电可靠性的评估及分析主要针对故障停电，预安排停电的影响一般按照当地配电网近年情况，在故障停电影响评估的基础上给定预安排停电与故障停电影响的占比，从而最终评估电网供电可靠性指标。根据深圳供电局近年来预安排停电与故障停电影响占比权重及变化趋势，结合国际先进供电企业计划停电影响比例及深圳电网计划停电"零影响"的目标，设定预安排停电影响占比为 15%。

1. 评估思路

首先，建立基于故障停电影响的可靠性评估模型及对应指标体系，涵盖主干线长度、站间联络率、可转供电水平、设备故障概率等各类影响因素，同时确定各类配电网故障工况下的客户平均停电时间；

其次，计算不同边界条件下目标网架接线（包含分段负荷/用户数控制标准、配电自动化三遥开关覆盖率等）的户均故障停电时间指标；

最终，通过预设故障停电与预安排停电影响占比，对停电时间指标进行折算，从而获得评估对象的综合可靠性指标，即客户平均停电时间。

2. 评估模型（低压）

具体评估方法采用了业内通用的故障模式后果分析法，即利用元件可靠性数据，在计算系统故障指标之前先选定某些合适的故障判据，之后根据判据将系统状态分为完好和故障两种类型的检验方法。

《配电网规划设计技术导则》列明了各类供电分区对应的供电安全标准及规划建设标准，通过将用户电压等级与配电网电压等级相匹配，可同样将供电可靠性评估分为低压、配变、馈线、高压四个层面。其中，高压层为 110（35）kV 电网，包括变电站、线路、开关、变电站母线等主要设备；馈线层为 10kV 主干网，包含中压主干线、柱上开关、环网柜等设备；配变层主要指 10kV 配电变压器、接入配变的开关及分支线路；低压层则指 0.4kV 电网，设备主要为低压线路。其模型简图如图 20-5 所示。

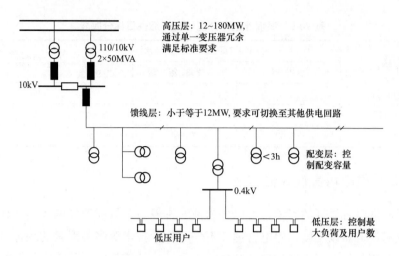

高压层：12~180MW,
通过单一变压器冗余
满足标准要求

110/10kV
2×50MVA

10kV

馈线层：小于等于12MW, 要求可切换至其他供电回路

<3h 配变层：控制配变容量

0.4kV

低压用户

低压层：控制最大负荷及用户数

图 20-5　配电网四层次模型简图

供电可靠性评估的对象为低压终端用户。深圳低压用户数量十分巨大，2019 年其占比达到总用户数的 98％。评估模型中的配变均视为公变，用户均视为低压用户，评估过程不计及专用用户对供电可靠性指标的贡献。

20.3.3　配电网关键指标调研

依据供电可靠性评估模型及评估指标体系，进行配电网关键指标调研，调研对象分为网架类及运维类两种指标类型。

1. 网架类关键指标

网架类关键指标包含配电网网架及自动化两个方面，2019 年深圳配电网网架关键指标详情如表 20-6 所示。

表 20-6　配电网网架关键指标

指标类别	参数名称	指标值
配电网网架	10kV 母线 $N-1$ 通过率（％）	71.79
	10kV 线路 $N-1$ 通过率（％）	94.8
	10kV 线路站间联络率（％）	83.6
	10kV 线路电缆化率（％）	91.84
	10kV 线路主干平均长度（km）	3.16
	10kV 分支线平均长度（km）	0.61
配电自动化	配电网自动化覆盖率（％）	92.77
	配电网自动化有效覆盖率（％）	44.31
	集中式人工隔离及恢复时间（min）	5
	集中式自愈隔离及恢复时间（min）	1
	人工现场隔离及恢复时间（min）	90

2. 运维类关键指标

运维类指标分为设备故障概率及故障修复时间两类。具体故障类型又精准划分为配变故障、开关故障、线路故障等 7 种类型。2019 年深圳配电网设备故障概率、故障停电平均持续时间详情如表 20-7、表 20-8 所示。

表 20-7　配电设备故障概率统计模板

故障类型	涉及设备	相关计算参数	实测值
10kV 母线故障概率 （次/段×年）	10kV 馈线设备 10kV 母线设备	10kV 母线故障次数（次）	19
		10kV 母线总数（段）	1003
		10kV 母线故障概率（次/段×年）	0.0189
10kV 配变故障概率 （次/台×年）	变压器低压配电设施 变压器高压引线 变压器台架 油浸式/干式变压器 高压计量箱 站（柜）内公用设备	10kV 配变故障次数（次）	11
		10kV 配变总数（台）	20460
		10kV 配变故障概率（次/台×年）	0.000538
10kV 开关故障概率 （次/台×年）	电缆分接箱 断路器、负荷开关 熔断器 柱上负荷开关 柱上隔离开关 高压熔断器 隔离开关	10kV 开关故障次数（次）	182
		10kV 开关总数（台）	240300
		10kV 开关故障概率（次/台×年）	0.00076
		其中，柱上开关故障次数（次）	38
		10kV 柱上开关总数（台）	6376
		柱上开关故障概率（次/台×年）	0.00596
		其中，开关柜设施故障次数（次）	144
		10kV 开关柜总数（面）	233924
		开关柜设施故障概率（次/台×年）	0.000616
10kV 电缆故障概率 （次/km×年）	电缆本体 电缆中间接头 电缆终端 （设备不明）	10kV 电缆故障次数（次）	789
		10kV 电缆总长度（km）	32199.8
		10kV 电缆故障概率（次/km×年）	0.0245
		增加：设备不明故障次数（次）	86
		10kV 电缆故障概率（广义） （次/km×年）	0.00267
10kV 架空故障概率 （次/km×年）	避雷器、杆塔 拉线、金具 绝缘线、绝缘子 裸导线	10kV 架空故障次数（次）	53
		10kV 架空线总长度（km）	3087.9
		10kV 架空故障概率（次/km×年）	0.0172
10kV 用户故障出门概率 （次/台×年）	用户设备	10kV 用户故障出门次数（次）	380
		10kV 专变用户总数（台）	65708
		10kV 用户故障出门概率（次/台×年）	0.00578

表 20-8　故障停电平均持续时间统计模板

参数名称	相关计算参数	实测值（h）
10kV 电缆故障停电平均持续时间	—	1.71
10kV 架空故障停电平均持续时间	—	2.21
10kV 配变故障停电平均持续时间	—	2.19
10kV 开关故障停电平均持续时间	10kV 开关故障停电平均持续时间	2.02
	柱上开关故障停电平均持续时间	2.09
	开关柜故障停电平均持续时间	2
10kV 母线故障停电平均持续时间	—	1.29
10kV 用户故障出门停电平均持续时间	—	1.41

20.3.4　供电可靠性测算参数选取

1. 网架类参数选取

分析论证过程横向对比了"2－1"单环网、"3－1"单环网、双环网（无母联及带母联）、N 供一备（$N=2$，3）等接线模式的供电可靠性水平：当仿真边界条件相同时，"$n-1$"单环网、双环网（无母联）、N 供一备（$N=2$，3）等接线的可靠性基本相当；双环网（带母联）模式由于减少了开关站/环网柜母线层面故障时下级配变的停电时间，因此其可靠性水平优于其他接线模式。分析结论示意图如图 20-6 所示（以 A＋区为例，其中"2－1"单环网与无母联双环结构可靠性测算结果相同）。

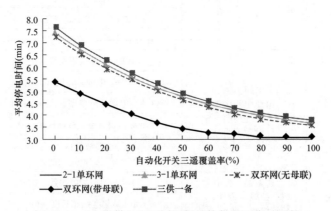

图 20-6　A＋类供电区不同网架结构供电可靠性测算

现状深圳配电网以 N 供一备接线为主，兼有极少量双环网与"2－1"单环网；区域配电网"十四五"规划中亦将 N 供一备接线作为主要接线模式。因此，可靠性目标评估选取 N 供一备为典型接线模式，相关参数如表 20-9 所示。

表 20-9　网 架 类 参 数 选 取 表

指标类别	参数名称	A+类区域		A类区域	
		2025 年	2035 年	2025 年	2035 年
网架类指标	110kV 主变压器 $N-1$ 通过率（%）	95	100	85	100
	10kV 母线 $N-1$ 通过率（%）	99	100	90	100
	10kV 馈线最大负荷平均值（MW）	4	4	4	4
	10kV 线路可转供电通过率（%）	99	100	98	100
	10kV 网架标准化接线率（%）	98	100	90	100
	10kV 线路站间联络率（%）	96	98	93	95
	10kV 线路电缆化率（%）	99	99	95	95
	10kV 线路主干平均长度（km）	3.1	2.8	3.2	3
	10kV 线路分支线平均长度（km）	0.28	0.28	0.6	0.4
	节点负荷控制标准（MW）	1.5	1.5	2	2
配电自动化指标	配电网自动化主干开关三遥点覆盖率（%）	待定	待定	待定	待定
	快速复电成功率（%）	待定	待定	待定	待定
	集中式人工隔离及恢复供电时间（min）	5	5	5	5
	集中式自愈隔离及恢复供电时间（min）	1	1	1	1
	人工故障隔离及恢复供电时间（min）	90	90	90	90

2. 运维类参数选取

运维类参数主要包括故障率及故障持续时间，其指标水平与装备、运维、管理、技术、环境等多种因素相关，该类指标以 2019 年实际值作为评估模型计算参数，再结合评估结果进行调整，通过逐步迭代的方式，计算出目标年应达到的目标值水平。运维类详细参数情况如表 20-10 所示。

表 20-10　运 维 类 参 数 选 取 表

指标类别	参数名称	A+		A	
		2025 年	2035 年	2025 年	2035 年
配电设备故障概率	10kV 母线故障概率（次/段×年）	0.0193	0.0193	0.0188	0.0188
	10kV 配变故障概率（次/台×年）	0.00205	0.0021	0.00463	0.0046
	10kV 柱上开关故障概率（次/台×年）	0.022	0.0220	0.0105	0.0105
	10kV 开关柜故障概率（次/台×年）	0.0003	0.0003	0.0011	0.0011
	10kV 电缆故障概率（次/km×年）	0.0202	0.0202	0.0358	0.0358
	10kV 架空故障概率（次/km×年）	0.0000	0.0000	0.0714	0.0714
	10kV 用户故障出门概率（次/台×年）	0.00513	0.00513	0.0133	0.0133
故障停电平均持续时间（h）	10kV 母线故障停电平均持续时间	1.16	1.16	1.35	1.35
	10kV 电缆故障停电平均持续时间	1.18	1.18	1.83	1.83
	10kV 架空故障停电平均持续时间	0.00	0	2.21	2.21
	10kV 配变故障停电平均持续时间	1.69	1.69	2.31	2.31
	10kV 柱上开关故障停电平均持续时间	1.55	1.55	2.11	2.11
	10kV 开关柜故障停电平均持续时间	1.16	1.16	2.07	2.07
	10kV 用户故障出门停电平均持续时间	1.04	1.04	1.44	1.44

20.3.5 分区供电可靠性评估

具体评估过程主要通过调整配电自动化三遥点覆盖率、快速复电率、节点负荷控制标准等参数进行动态评估，以此论证不同配置方案的供电可靠性理论水平。

1. A＋类供电区

（1）2025 年供电可靠性测算。

根据深圳配电网建设及运维实际，配电自动化三遥点覆盖率及快速复电成功率的基准目标均高于 50％，以此为评估边界的可靠性分析结论如表 20-11、图 20-7 所示。

表 20-11　A＋类供电区 2025 年可靠性测算明细表 1

| 停电时间（min） | 配电网自动化主干开关三遥点覆盖率（％） | | | | | | | | | | |
	50	55	60	65	70	75	80	85	90	95	100
快速复电成功率（％） 50	7.81	7.61	7.41	7.21	7.01	6.80	6.60	6.40	6.20	6.00	5.80
55	7.61	7.39	7.17	6.95	6.72	6.50	6.28	6.06	5.84	5.62	5.39
60	7.41	7.17	6.93	6.68	6.44	6.20	5.96	5.72	5.47	5.23	4.99
65	7.21	6.95	6.68	6.42	6.16	5.90	5.64	5.37	5.11	4.85	4.59
70	7.01	6.72	6.44	6.16	5.88	5.59	5.31	5.03	4.75	4.47	4.18
75	6.80	6.50	6.20	5.90	5.59	5.29	4.99	4.69	4.39	4.08	3.78
80	6.60	6.28	5.96	5.64	5.31	4.99	4.67	4.34	4.02	3.70	3.38
85	6.40	6.06	5.72	5.37	5.03	4.69	4.34	4.00	3.66	3.32	2.97
90	6.20	5.84	5.47	5.11	4.75	4.39	4.02	3.66	3.30	2.93	2.57
95	6.00	5.62	5.23	4.85	4.47	4.08	3.70	3.32	2.93	2.55	2.17
100	5.80	5.39	4.99	4.59	4.18	3.78	3.38	2.97	2.57	2.17	1.76

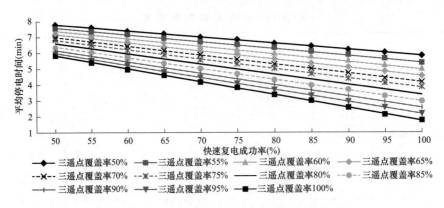

图 20-7　A＋类供电区 2025 年供电可靠性测算示意图 1

2025 年 A＋类供电区户均停电时间的建设目标为小于 4.73min，能达到此目标的配电自动化三遥点比例及快速复电成功率配置组合有 7 组，结果如下：

1）配电自动化三遥点覆盖率≥65％，快速复电成功率＝100％；

2）配电自动化三遥点覆盖率≥70％，快速复电成功率≥95％；

3）配电自动化三遥点覆盖率≥75％，快速复电成功率≥85％；

4）配电自动化三遥点覆盖率≥80％，快速复电成功率≥80％；

5）配电自动化三遥点覆盖率≥85％，快速复电成功率≥75％；

6）配电自动化三遥点覆盖率≥95％，快速复电成功率≥70％；

7）配电自动化三遥点覆盖率＝100％，快速复电成功率≥65％。

根据深圳"十四五"配电网规划成果可知，预计至2025年A＋类区配电自动化主干三遥节覆盖率为80％，快速复电成功率为65％，此指标水平无法支撑2025年可靠性目标建设，因此需优化运维类指标以支撑可靠性目标的实现。由于故障修复效率影响因素复杂，故分析过程主要论证配电网设备故障概率下降与供电可靠性关联关系的敏感程度，具体测算结果如表20-12、图20-8所示。

表 20-12　A＋类供电区 2025 年可靠性测算明细表 2

停电时间（min）		配电网设备故障概率下降比例（％）											
		0	5	10	15	20	25	30	35	40	45	50	55	60
快速复电成功率（％）	60	5.96	5.66	5.37	5.07	4.78	4.48	4.19	3.89	3.6	3.3	3.01	2.71	2.42
	65	5.64	5.36	5.08	4.8	4.52	4.24	3.96	3.68	3.4	3.13	2.85	2.57	2.29
	70	5.31	5.05	4.79	4.52	4.26	4	3.74	3.47	3.21	2.95	2.68	2.42	2.16
	75	4.99	4.74	4.5	4.25	4	3.76	3.51	3.26	3.02	2.77	2.52	2.27	2.03
	80	4.67	4.44	4.21	3.97	3.74	3.51	3.28	3.05	2.82	2.59	2.36	2.13	1.9
	85	4.34	4.13	3.92	3.7	3.49	3.27	3.06	2.84	2.63	2.41	2.2	1.98	1.77
	90	4.02	3.82	3.62	3.43	3.23	3.03	2.83	2.63	2.43	2.23	2.03	1.84	1.64

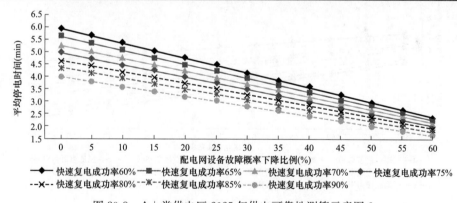

图 20-8　A＋类供电区 2025 年供电可靠性测算示意图 2

通过分析计算可知，共有5组配置方式能够满足供电可靠性目标要求：

1）配电自动化主干三遥节点覆盖率80％、快速复电成功率80％，配电网设备故障概率维持基准年水平；

2）配电自动化主干三遥节点覆盖率80％、快速复电成功率75％、配电网设备故障概率下降比例10％；

3）配电自动化主干三遥节点覆盖率80％、快速复电成功率70％、配电网设备故障概率下降比例15％；

4）配电自动化主干三遥节点覆盖率 80％、快速复电成功率 65％、配电网设备故障概率下降比例 20％；

5）配电自动化主干三遥节点覆盖率 80％、快速复电成功率 60％、配电网设备故障概率下降比例 25％。

（2）2035 年供电可靠性测算。

2035 年网架指标将进一步提升，其供电可靠性测算结果如表 20-13、图 20-9 所示。

表 20-13　A＋类供电区 2035 年可靠性测算明细表 1

停电时间 (min)	配电网自动化主干开关三遥点覆盖率（%）										
	50	55	60	65	70	75	80	85	90	95	100
快速复电成功率（%） 50	7.03	6.85	6.67	6.49	6.30	6.12	5.94	5.76	5.58	5.40	5.22
55	6.85	6.65	6.45	6.25	6.05	5.85	5.65	5.45	5.25	5.05	4.85
60	6.67	6.45	6.23	6.01	5.80	5.58	5.36	5.14	4.93	4.71	4.49
65	6.49	6.25	6.01	5.78	5.54	5.31	5.07	4.84	4.60	4.37	4.13
70	6.30	6.05	5.80	5.54	5.29	5.04	4.78	4.53	4.27	4.02	3.77
75	6.12	5.85	5.58	5.31	5.04	4.76	4.49	4.22	3.95	3.68	3.40
80	5.94	5.65	5.36	5.07	4.78	4.49	4.20	3.91	3.62	3.33	3.04
85	5.76	5.45	5.14	4.84	4.53	4.22	3.91	3.60	3.30	2.99	2.68
90	5.58	5.25	4.93	4.60	4.27	3.95	3.62	3.30	2.97	2.64	2.32
95	5.40	5.05	4.71	4.37	4.02	3.68	3.33	2.99	2.64	2.30	1.95
100	5.22	4.85	4.49	4.13	3.77	3.40	3.04	2.68	2.32	1.95	1.59

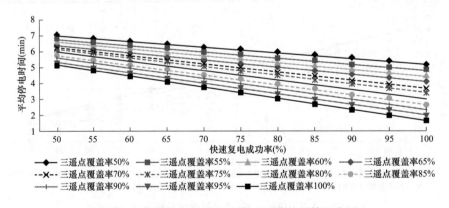

图 20-9　A＋类供电区 2035 年供电可靠性测算示意图 1

根据分析结果可知，2035 年 A＋类供电区目标户均停电时间小于 2.48min，能达支撑此目标实现的配置组合有 3 组，结果如下：

1）配电自动化三遥点比例＝100％，快速复电成功率≥90％；

2）配电自动化三遥点比例≥95％，快速复电成功率≥95％；

3）配电自动化三遥点比例≥90％，快速复电成功率＝100％。

预计至 2035 年，深圳 A＋类供电区配自主干三遥覆盖率为 95％，快速复电成功率为80%，无法支撑可靠性目标建设，因此需优化运维类指标以支撑可靠性目标实现。供电可靠率与设备故障概率关联关系的敏感性测算结果如表20-14、图20-10所示。

表20-14 A＋类供电区2035年可靠性测算明细表2

停电时间（min）		配电网设备故障概率下降比例（%）												
		0	5	10	15	20	25	30	35	40	45	50	55	60
快速复电停电时间（min）成功率（%）	60	4.71	4.48	4.24	4.01	3.77	3.54	3.3	3.07	2.84	2.6	2.37	2.13	1.9
	65	4.37	4.15	3.93	3.71	3.5	3.28	3.06	2.85	2.63	2.41	2.2	1.98	1.76
	70	4.02	3.82	3.62	3.42	3.22	3.02	2.82	2.62	2.42	2.22	2.02	1.82	1.62
	75	3.68	3.49	3.31	3.13	2.95	2.76	2.58	2.4	2.22	2.03	1.85	1.67	1.49
	80	3.33	3.17	3	2.84	2.67	2.51	2.34	2.17	2.01	1.84	1.68	1.51	1.35
	85	2.99	2.84	2.69	2.54	2.4	2.25	2.1	1.95	1.8	1.65	1.51	1.36	1.21
	90	2.64	2.51	2.38	2.25	2.12	1.99	1.86	1.73	1.6	1.47	1.33	1.2	1.07

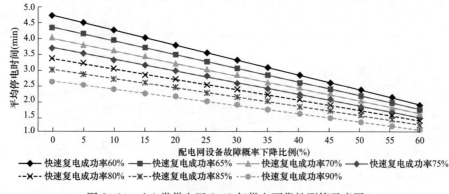

图20-10 A＋类供电区2035年供电可靠性测算示意图2

通过分析测算可知，共有5组配置方式能够满足供电可靠性目标要求：

1）配电自动化主干三遥节点覆盖率95%、快速复电成功率90%、配电网设备故障概率下降比例10%；

2）配电自动化主干三遥节点覆盖率95%、快速复电成功率85%、配电网设备故障概率下降比例20%；

3）配电自动化主干三遥节点覆盖率95%、快速复电成功率80%、配电网设备故障概率下降比例30%；

4）配电自动化主干三遥节点覆盖率95%、快速复电成功率75%、配电网设备故障概率下降比例35%；

5）配电自动化主干三遥节点覆盖率95%、快速复电成功率70%、配电网设备故障概率下降比例40%。

2.A类供电区

（1）2025年供电可靠性测算。

与A＋类供电区论证思路相同，A类区可靠性测算结果如表20-15、图20-11所示。

表 20-15　A 类供电区 2025 年可靠性测算明细表 1

停电时间 (min)		配电网自动化主干开关三遥点覆盖率（%）										
		50	55	60	65	70	75	80	85	90	95	100
快速复电成功率（%）	50	21.03	20.63	20.21	19.80	19.38	18.97	18.56	18.15	17.74	17.33	16.92
	55	20.63	20.17	19.71	19.26	18.81	18.36	17.91	17.45	17.00	16.55	16.10
	60	20.21	19.71	19.22	18.73	18.23	17.74	17.25	16.76	16.26	15.77	15.28
	65	19.80	19.26	18.73	18.19	17.66	17.12	16.59	16.06	15.52	14.99	14.45
	70	19.38	18.81	18.23	17.66	17.08	16.51	15.93	15.36	14.78	14.21	13.63
	75	18.97	18.36	17.74	17.12	16.51	15.89	15.28	14.66	14.04	13.43	12.81
	80	18.56	17.91	17.25	16.59	15.93	15.28	14.62	13.96	13.30	12.65	11.99
	85	18.15	17.45	16.76	16.06	15.36	14.66	13.96	13.26	12.56	11.87	11.17
	90	17.74	17.00	16.26	15.52	14.78	14.04	13.30	12.56	11.82	11.08	10.34
	95	17.33	16.55	15.77	14.99	14.21	13.43	12.65	11.87	11.08	10.30	9.52
	100	16.92	16.10	15.28	14.45	13.63	12.81	11.99	11.17	10.34	9.52	8.70

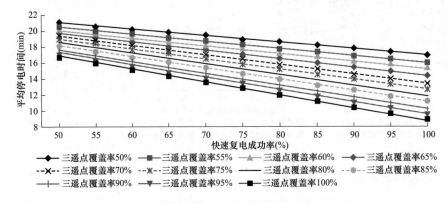

图 20-11　A 类供电区 2025 年供电可靠性测算示意图 1

通过分析可知，2025 年 A 类供电区目标户均停电时间为小于 12.62min，能达到此目标的配电自动化三遥点比例及快速复电成功率配置组合有 4 组：

1）配电自动化三遥点比例≥80%，快速复电成功率＝95%；

2）配电自动化三遥点比例≥85%，快速复电成功率≥90%；

3）配电自动化三遥点比例≥90%，快速复电成功率≥85%；

4）配电自动化三遥点比例＝100%，快速复电成功率≥80%。

预计至 2025 年，深圳 A 类供电区配自主干三遥节点覆盖率为 55%，快速复电成功率为 55%，无法支撑供电可靠性目标建设，需通过优化运维类指标以实现可靠性目标。供电可靠率与设备故障概率关联关系的敏感性分析如表 20-16、图 20-12 所示。

通过分析可知，如下配置能够满足 2025 年 A 类区供电可靠性目标建设要求：

1）配电自动化主干三遥节点覆盖率 55%、快速复电成功率 55%、配电网设备故障概率下降比例 40%；

表 20-16　A 类供电区 2025 年可靠性测算明细表 2

停电时间 (min)		配电网设备故障概率下降比例（%）											
		0	5	10	15	20	25	30	35	40	45	50	55	60
快速复电 成功率 （%）	50	20.62	19.62	18.61	17.61	16.61	15.61	14.61	13.61	12.61	11.6	10.6	9.6	8.6
	55	20.17	19.19	18.21	17.23	16.25	15.27	14.29	13.31	12.33	11.35	10.37	9.39	8.41
	60	19.71	18.76	17.8	16.84	15.88	14.92	13.97	13.01	12.05	11.09	10.14	9.18	8.22
	65	19.26	18.33	17.39	16.45	15.52	14.58	13.65	12.71	11.77	10.84	9.9	8.97	8.03
	70	18.81	17.9	16.98	16.07	15.15	14.24	13.32	12.41	11.5	10.58	9.67	8.75	7.84
	75	18.36	17.47	16.57	15.68	14.79	13.9	13	12.11	11.22	10.33	9.43	8.54	7.65
	80	17.91	17.03	16.16	15.29	14.42	13.55	12.68	11.81	10.94	10.07	9.2	8.33	7.46
	85	17.45	16.6	15.76	14.91	14.06	13.21	12.36	11.51	10.66	9.81	8.97	8.12	7.27
	90	17	16.17	15.35	14.52	13.69	12.87	12.04	11.21	10.39	9.56	8.73	7.9	7.08

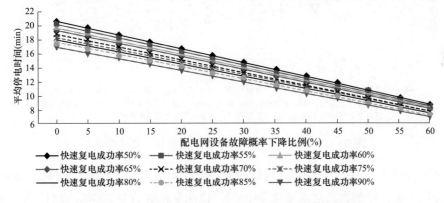

图 20-12　A 类供电区 2025 年供电可靠性测算示意图 2

2）配电自动化主干三遥节点覆盖率 55％、快速复电成功率 70％、配电网设备故障概率下降比例 35％；

3）配电自动化主干三遥节点覆盖率 55％、快速复电成功率 85％、配电网设备故障概率下降比例 30％。

（2）2035 年供电可靠性测算。

2035 年深圳配电网指标水平将进一步优化提升，供电可靠性测算结果如表 20-17、图 20-13 所示。

表 20-17　A 类供电区 2035 年可靠性测算明细表 1

停电时间 (min)		配电网自动化主干开关三遥点覆盖率（%）										
		50	55	60	65	70	75	80	85	90	95	100
快速 复电 成功率 （%）	50	17.06	16.69	16.32	15.95	15.57	15.20	14.83	14.46	14.08	13.71	13.34
	55	16.69	16.28	15.87	15.46	15.05	14.64	14.23	13.82	13.41	13.00	12.60
	60	16.32	15.87	15.42	14.98	14.53	14.08	13.64	13.19	12.74	12.30	11.85
	65	15.95	15.46	14.98	14.49	14.01	13.53	13.04	12.56	12.07	11.59	11.11
	70	15.57	15.05	14.53	14.01	13.49	12.97	12.45	11.93	11.40	10.88	10.36

A 类供电区 2035 年可靠性测算明细表 1   续表

停电时间 (min)		配电网自动化主干开关三遥点覆盖率（%）									
		50	55	60	65	70	75	80	85	90	95	100
快速复电成功率（%）	75	15.20	14.64	14.08	13.53	12.97	12.41	11.85	11.29	10.73	10.18	9.62
	80	14.83	14.23	13.64	13.04	12.45	11.85	11.26	10.66	10.06	9.47	8.87
	85	14.46	13.82	13.19	12.56	11.93	11.29	10.66	10.03	9.39	8.76	8.13
	90	14.08	13.41	12.74	12.07	11.40	10.73	10.06	9.39	8.72	8.05	7.38
	95	13.71	13.00	12.30	11.59	10.88	10.18	9.47	8.76	8.05	7.35	6.64
	100	13.34	12.60	11.85	11.11	10.36	9.62	8.87	8.13	7.38	6.64	5.90

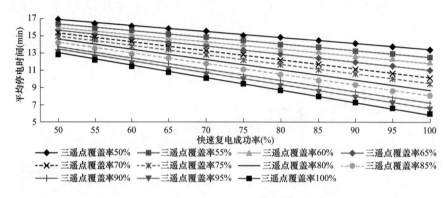

图 20-13　A 类供电区 2035 年供电可靠性测算示意图 1

通过分析可知，2035 年 A 类区目标户均停电时间小于 6.55min，支撑此目标实现的配置组合仅 1 组，即配自三遥点覆盖率 95%，快速复电成功率 100%。现状 A 类区配电网建设标准无法满足供电可靠性目标。考虑在提高 A 类供电区配电自动化三遥点比例至 85% 水平的同时，提高快速复电成功率，降低配电网设备故障概率。具体分析测算结果如表 20-18、图 20-14 所示。

表 20-18　A 类供电区 2035 年可靠性测算明细表 2

停电时间 (min)		配电网设备故障概率下降比例（%）											
		0	5	10	15	20	25	30	35	40	45	50	55	60
快速复电成功率（%）	60	13.19	12.53	11.88	11.22	10.57	9.91	9.25	8.6	7.94	7.29	6.63	5.97	5.32
	65	12.56	11.93	11.31	10.68	10.06	9.44	8.81	8.19	7.56	6.94	6.31	5.69	5.06
	70	11.93	11.33	10.74	10.15	9.55	8.96	8.37	7.78	7.18	6.59	6	5.4	4.81
	75	11.29	10.73	10.17	9.61	9.05	8.49	7.93	7.36	6.8	6.24	5.68	5.12	4.56
	80	10.66	10.13	9.6	9.07	8.54	8.01	7.48	6.95	6.42	5.89	5.36	4.83	4.3
	85	10.03	9.53	9.03	8.53	8.04	7.54	7.04	6.54	6.04	5.55	5.05	4.55	4.05
	90	9.39	8.93	8.46	8	7.53	7.06	6.6	6.13	5.66	5.2	4.73	4.27	3.8

通过分析可知，如下配置能够满足 2035 年 A 类区供电可靠性目标要求：

1）配电自动化主干三遥节点覆盖率 85%、快速复电成功率 70%、配电网设备故障概率下降比例 50%；

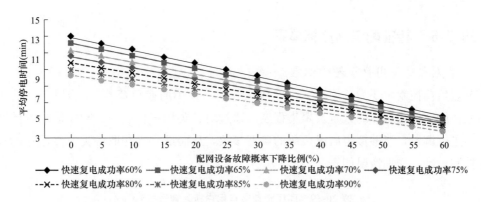

图 20-14 A 类供电区 2035 年供电可靠性测算示意图 2

2）配电自动化主干三遥节点覆盖率 85％、快速复电成功率 75％、配电网设备故障概率下降比例 45％；

3）配电自动化主干三遥节点覆盖率 85％、快速复电成功率 80％、配电网设备故障概率下降比例 40％；

4）配电自动化主干三遥节点覆盖率 85％、快速复电成功率 85％、配电网设备故障概率下降比例 35％。

3．评估结论

从评估结果分析来看，供电可靠性是网架、设备、运行等多种因素合力影响的结果，难以从单因素分析中给出准确的指标配置标准，因此分析论证结论将结合配电网规划基准、技术可行性及经济性等多方面综合考虑，给出分区配置标准。

（1）A＋类供电区。

综合评估配电自动化建设标准、配电自动化实用化水平及设备运维水平，给出 2025 年、2035 年关键指标配置组合建议如下：

2025 年配电自动化主干三遥节点覆盖率 80％、快速复电成功率 65％、配电网设备故障概率下降比例 20％；

2035 年配电自动化主干三遥节点覆盖率 95％、快速复电成功率 80％、配电网设备故障概率下降比例 30％。

（2）A 类供电区。

综合评估配电自动化建设标准、配电自动化实用化水平及设备运维水平，给出 2025 年、2035 年关键指标配置组合建议如下：

2025 年配电自动化主干三遥节点覆盖率 55％、快速复电成功率 55％、配电网设备故障概率下降比例 40％；

2035 年配电自动化主干三遥节点覆盖率 85％、快速复电成功率 70％、配电网设备故障概率下降比例 50％。

20.3.6 特征配电网指标体系

1. 节点容量与用户数控制标准

节点负荷控制主要为公用配变,即居民负荷(含小商业负荷),而居民用户的实际负荷往往能够体现用户的数量及聚集程度。通过对各类用户负载率、功率因数及同时率等指标进行调研,能够拟定居民负荷的典型参数,从而进一步获取各类节点用户的接入容量控制标准。详细情况如表 20-19 所示。

表 20-19 居民负荷节点用户接入容量控制

适合范围	节点控制负荷 (MW)	典型负载率 (%)	功率因数	负荷同时率	节点容量上限 (kVA)
A+供电区	1.5	50	0.95	0.7	4500
A供电区	2	55	0.95	0.7	5500

注 1 根据典设,公用配变负载率取值 50%~55%,其中 A+类区配变裕度更大,故取低值。
   2 功率因数及负荷同时率按国内发达城市典型值考虑。

参考国内发达地区户均容量标准,深圳市户均配变容量取值为 5.5kVA/户,测算节点容量与低压用户数之间的比例关系,具体结果如表 20-20 所示。

表 20-20 居民负荷节点容量与低压用户数关系测算

适合范围	负荷特性	节点容量上限 (kVA)	户均公变容量 (kVA/户)	低压用户数 (户)
A+类供电区	居民	4500	5.5	800
A类供电区	居民	5500	5.5	1000

工商业等用户,单一节点对应的用户数很少,其对供电可靠性指标影响较小,但因其用户性质,停电所导致的损失将十分明显,因此同样应采取控制标准,即针对工商业专变用户,以 2MW 为标准控制,节点挂接用户数不超过 10 户。

通过调研统计,拟定工业、商业用户的典型负荷参数,得出各类节点用户接入容量的控制标准,具体情况如表 20-21 所示。

表 20-21 工业及商业类负荷节点用户接入容量控制

适合范围	负荷特性	节点控制负荷 (MW)	典型负载率 (%)	功率因数	负荷同时率	节点容量上限 (kVA)
A+、A类 供电区	工业	2	80	0.9	0.8	3500
	商业	2	70	0.9	0.8	4000

整合后深圳各类负荷节点用户接入容量及户数控制标准如表 20-22 所示。

表 20-22　各类负荷节点用户接入容量控制

适合范围	负荷特性	节点控制负荷（MW）	节点容量上限（kVA）	节点用户数上限
A＋类供电区	工业	2	3500	不超过 10 户
	商业	2	4000	不超过 10 户
	居民	1.5	4500	不超过 800 户
A 类供电区	工业	2	3500	不超过 10 户
	商业	2	4000	不超过 10 户
	居民	2	5500	不超过 1000 户

2. 分区特征配电网主要参数

在深圳分区供电可靠性目标的引导和约束下，依据现状水平拟定差异化配电网建设标准及运维标准。建设标准分为约束指标和支撑指标，其中约束指标指通过配电网建设应达到的关键性指标，主要包含设备故障概率、配电自动化指标等；支撑指标为配电网相关指标的典型值，主要为设备运维检修指标。A＋类及 A 类供电分区在 2025 年及 2035 年阶段的特征配电网主要参数如表 20-23 所示。

表 20-23　分区特征配电网主要参数表

所属分类	指标名称	A＋		A	
		2025 年	2035 年	2025 年	2035 年
可靠性	客户年平均停电时间（min）	4.73	2.48	12.62	6.55
目标网架	110kV 电网 $N-1$ 通过率（%）	95	100	85	100
	目标网架接线	双环网、N 供一备（$N=2$，3）、单环网、开闭所		N 供一备（$N=2$，3）、单环网、开闭所	
	母线 $N-1$ 通过率（%）	99	100	90	100
	线路可转供电通过率（%）	99	100	98	100
	网架标准化接线率（%）	98	100	90	100
	线路站间联络率（%）	96	98	93	95
	线路电缆化率（%）	99	99	95	95
	线路主干平均长度（km）	3.1	2.8	3.2	3
	线路分支线平均长度（km）	0.28	0.28	0.6	0.4
	供电安全水平要求	5min 内，停电负荷≤1.5MW 且停电用户数≤中压用户 10 户或总用户数 800 户；维修完成后恢复全部供电		5min 内，停电负荷≤2MW 且停电用户数≤中压用户 10 户或总用户数 1000 户；维修完成后恢复全部供电	
配电自动化指标	配电自动化技术方案	主站集中式馈线自动化		主站集中式馈线自动化	
	终端配置	三遥	三遥	三遥	三遥
	主干开关三遥点覆盖率（%）	80	95	55	85
	快速复电成功率（%）	65	80	55	75
	集中式人工隔离及恢复供电时间（min）	5	5	5	5
	集中式自愈隔离及恢复供电时间（min）	1	1	1	1

分区特征配电网主要参数表　　　　　　　续表

所属分类	指标名称	A+		A	
		2025 年	2035 年	2025 年	2035 年
配电自动化指标	人工故障隔离及恢复供电时间（min）	90	90	90	90
配电设备故障概率	配电网设备故障概率下降比例（%）（基准值取 2019 年）	20	30	40	45
故障停电平均持续时间（小时）（不含快速复电成功）	电缆故障停电平均持续时间（min）	1.18	1.18	1.83	1.83
	架空故障停电平均持续时间（min）	0.00	0	2.21	2.21
	配变故障停电平均持续时间（min）	1.69	1.69	2.31	2.31
	柱上开关故障停电平均持续时间（min）	1.55	1.55	2.11	2.11
	开关柜故障停电平均持续时间（min）	1.16	1.16	2.07	2.07
	用户故障出门停电平均持续时间（min）	1.04	1.04	1.44	1.44

第五篇　附　　　录

附录 A　配电网网格化规划收资清单

表 A1　经济社会历史发展情况收资表

年份	面积（km²）	GDP（亿元）	产业结构比例（%）			年末总人口（万人）	人均 GDP（万元/人）	城镇化率（%）
			一产	二产	三产			

表 A2　国民经济与社会发展目标收资表

规划区名称	序号	指标名称	××年	2025 年预测	2035 年预测
××	一	国内生产总值（亿元）			
	1	第一产业（亿元）			
	2	第二产业（亿元）			
	3	第三产业（亿元）			
	二	人口（万人）			
	三	人均 GDP（元/人）			
	四	面积（km²）			
	五	建成区面积（km²）			

注　预测年份可根据实际规划情况进行调整。

表 A3　规划区电网基本供电情况收资表

规划区	供电面积（km²）	供电人口（万人）	售电量（亿 kWh）	供电可靠率 RS-1（%）	供电可靠率 RS-3（%）	线损率（%）			电压合格率（%）
						110kV	10kV	综合	

表 A4　规划区历史年负荷电量水平收资表

收资内容	××年	××年	××年	××年	××年
供电量（亿千瓦时）					
售电量（亿千瓦时）					
网供负荷（MW）					

注　规划区历史年负荷电量数据的收资年限一般不少于 5 年。

表 A5　规划区变电站明细收资表

名称	电压等级	性质	变电容量（MVA）	投运时间	容量构成	电源进线（回）	无功补偿容量（Mvar）	110kV 馈线间隔（个）			35kV 馈线间隔（个）			10kV 馈线间隔（个）			××年最大负荷（MW）	是否单电源线	建设型式
								总数	已用	剩余	总数	已用	剩余	总数	已用	剩余			

注　1　变电站性质指公用或者专用。
　　　2　变电站建设型式指全户内、半户外、全户外。

表 A6　规划区变电站主变压器明细收资表

序号	变电站	供电分区	主变压器编号	电压等级(kV)	型号	主变压器容量(MVA)	主变压器变比	投运时间	现状年最大负荷(MW)

注　供电分区指 A+、A、B、C 等供电区域划分结果。

表 A7　规划区高压配电网线路台账收资表

线路名称	电压等级(kV)	性质	供电分区	电网结构	线路总长(km)	架空线路		电缆线路		最大负载率(%)	运行年限
						长度(km)	导线型号	长度(km)	导线型号		

注　1　线路性质指公用或专用。
　　2　供电分区指 A+、A、B、C 等供电区域划分结果。

表 A8　规划区中压配电网线路台账收资表

开关类设施							无功补偿(Mvar)	联络关系	联络线路1	联络线路2	…
开关站(座)	环网柜(座)	电缆分支箱(座)	柱上开关(台)	开关台数(台)	断路器(台)	负荷开关(台)					

表 A9　规划区中压配电网配电变压器收资表

名称	所属线路	容量(kVA)	配变类型	配变低压侧无功补偿(Mvar)	××年最大负载率(%)	型号	投运年限

注　配变类型指箱式变、柱上变、配电室等。

表 A10　规划区中压配电网开关设备收资表

所属线路	设备名称	设备型号	设备类别	投运时间	是否需要更换	如需更换说明存在的问题

注　开关类型指环网柜、电缆分接箱、柱上开关、开闭所等类型。

表 A11　规划区低压配电网线路台账收资表

线路名称	电压等级	性质	供电分区	供电制式	线路总长(km)	架空线路		电缆线路		最大负载率(%)	运行年限
						长度(km)	导线型号	长度(km)	导线型号		

注　1　线路性质指公用或专用。
　　2　供电分区指 A+、A、B、C 等供电区域划分结果。

表 A12　无功补偿设备收资表

补偿对象	电压等级(kV)	补偿容量(kvar)	设备位置	安装方式	运行年限

表 A13　规划区大用户用电情况收资表

用户	投运情况	主要生产产品	接入电压等级(kV)	供电分区	位置	接入变电容量(MVA)	年最大负荷(MW)	年用电量(万千瓦时)	投运时间

注　投运情况指已有、新建、扩建等。

附录 B 高压配电网典型接线示意图

表 B1 高压配电网典型接线

接线方式	示意图	特点说明
单回辐射型	(a) 一站一变 (b) 两站两变	缺点：供电可靠性低，不能满足 $N-1$ 安全准则；只有一个电源，运行不灵活。 变电站可采用单母分段、内外桥接线
双回辐射型	(a) 一站三变 (b) 一站两变 (c) 两站两变	优点：能够满足 $N-1$ 安全准则。 缺点：只有一个电源，运行不灵活。 串接的变电站个数不应超过 2 个，变电站可采用单母分段、内外桥接线
单侧电源单回链	变电站甲 变电站乙	优点：满足 $N-1$ 安全准则。 缺点：只有一个电源、变电站间为单线联络，运行灵活性和可靠性不高。 串接的变电站个数以 2~3 个为宜，变电站可采用单母、单母分段、内外桥接线
双侧电源单回链	变电站甲 变电站乙	优点：满足 $N-1$ 安全准则。 缺点：变电站间为单线联络，可靠性不高。 串接的变电站个数以 2~3 个为宜，变电站可采用单母分段、内外桥接线
单侧电源不完全双回链	变电站甲 变电站乙 变电站丙	优点：满足 $N-1$ 安全准则。 缺点：只有一个电源点，运行灵活性不高。 串接的变电站个数以 2~3 个为宜，变电站可采用单母分段、内外桥接线
双侧电源不完全双回链	变电站甲 变电站乙	优点：供电可靠性较高，能够满足 $N-1$ 安全准则。缺点：母线有较大的穿越功率。 变电站一般采用单母分段接线

高压配电网典型接线 续表

接线方式	示意图	特点说明
双侧电源完全双回链	(a) 二(三)站三变 电源A、电源B、变电站甲、变电站乙、变电站丙 (b) 两站四变 电源A、电源B、变电站甲、变电站乙	优点：供电可靠性高，满足 $N-1-1$ 安全准则。 缺点：母线有较大的穿越功率。串接的变电站个数以 2~3 个为宜，变电站一般采用单母分段接线
单侧电源单T	电源A、变电站甲、变电站乙	缺点：供电可靠性低，不能满足 $N-1$ 安全准则；只有一个电源，运行不灵活。变电站可采用单母分段、内外桥接线
单侧电源双T	电源A、变电站甲、变电站乙	优点：满足 $N-1$ 安全准则。 缺点：只有一个电源，运行不灵活。串接的变电站个数不应超过2个，变电站一般采用线路变压器组或内外桥接线
单侧电源三T	电源A、变电站甲、变电站乙	优点：满足 $N-1$ 安全准则。 缺点：只有一个电源，运行不灵活。变电站一般采用线路变压器组接线
双侧电源不完全双T	电源A、电源B、变电站甲、变电站乙	优点：满足 $N-1$ 安全准则。变电站可采用单母分段、内外桥接线
双侧电源完全双T	电源A、电源B、变电站甲、变电站乙、变电站丙	优点：供电可靠性较高，能够满足 $N-1$ 安全准则，运行灵活。 缺点：变电站可用容量及线路利用率为50%。变电站一般采用线路变压器组或内外桥接线
T2π2πT 接线	变电站丁、电源A、电源B、变电站甲、变电站乙、变电站丙	相当于两个单侧电源双T接线的交叉互联；变电站一般采用内桥接线，满足 $N-1$ 安全准则。 优点：在不增加通道的情况下，一定程度地解决单侧电源无备用问题，延伸供电范围，有效分担了线路故障的不利影响。变电站一般采用线路变压器组或内外桥接线

高压配电网典型接线

接线方式	示意图	特点说明
双侧电源 三 T	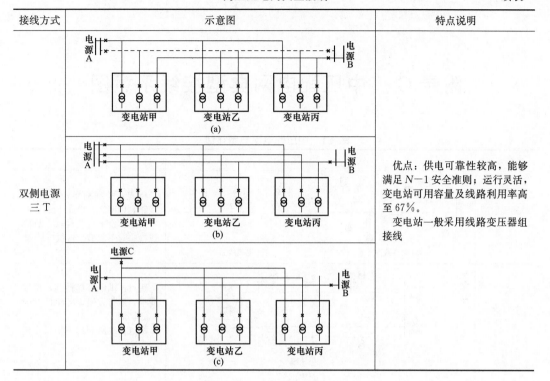	优点：供电可靠性较高，能够满足 $N-1$ 安全准则；运行灵活，变电站可用容量及线路利用率高至 67%。 变电站一般采用线路变压器组接线

附录 C　中压配电网典型接线示意图

表 C1　中压配电网典型接线

接线方式	示意图	特点说明
单回辐射型 10（20）kV	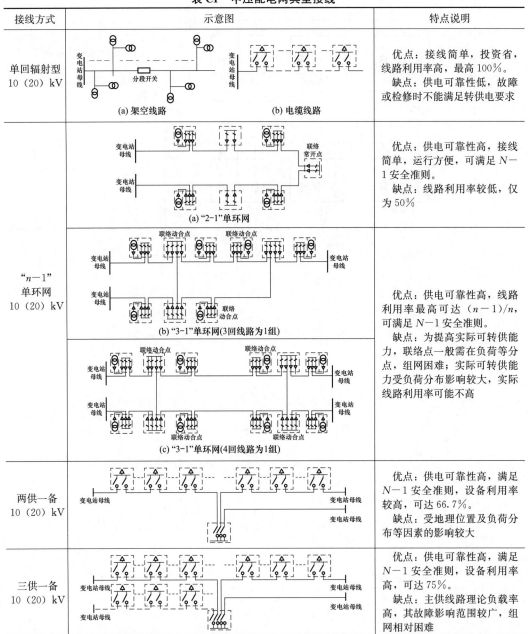 (a) 架空线路　　(b) 电缆线路	优点：接线简单，投资省，线路利用率高，最高100%。 缺点：供电可靠性低，故障或检修时不能满足转供电要求
"n−1" 单环网 10（20）kV	(a) "2-1"单环网	优点：供电可靠性高，接线简单，运行方便，可满足 N−1 安全准则。 缺点：线路利用率较低，仅为50%
	(b) "3-1"单环网(3回线路为1组) (c) "3-1"单环网(4回线路为1组)	优点：供电可靠性高，线路利用率最高可达 (n−1)/n，可满足 N−1 安全准则。 缺点：为提高实际可转供能力，联络点一般需在负荷等分点，组网困难；实际可转供能力受负荷分布影响较大，实际线路利用率可能不高
两供一备 10（20）kV		优点：供电可靠性高，满足 N−1 安全准则，设备利用率较高，可达66.7%。 缺点：受地理位置及负荷分布等因素的影响较大
三供一备 10（20）kV		优点：供电可靠性高，满足 N−1 安全准则，设备利用率高，可达75%。 缺点：主供线路理论负载率高，其故障影响范围较广，组网相对困难

中压配电网典型接线

续表

接线方式	示意图	特点说明
双环网 10kV	 (a) 开关站型式	优点：供电可靠性高，设备利用率为50%情况下，满足 $N-1-1$ 要求。满足 $N-1$ 情况下，设备利用率为75%。 缺点：结构复杂，投资高
双环网 10 (20) kV	 (b) 两个独立单环型式	优点：满足 $N-1$ 安全准则，设备利用率为50%；方便为沿线可靠性要求高的中小用户提供双电源。 缺点：线路利用率较低，仅为50%
N 分段 n 联络 ($N\leqslant5$, $n\leqslant3$) 10 (20) kV		优点：供电可靠性较高，可满足 $N-1$ 要求，组网较为容易。 缺点：接线相对较复杂，故障转供方式较多，运行调度相对困难
"花瓣"型接线 20kV	 注：正常运行时，其他未标示状态的开关为"合" (a) 典型接线1 注：正常运行时，其他未标示状态的开关为"合" (b) 典型接线2	优点：线路闭环运行，可实现不停电转供，供电可靠性高，可满足 $N-1-1$ 要求。 缺点：设备利用率仅为50%；保护方式复杂，投资较高

主 要 参 考 文 献

[1] 国家能源局.《供电系统供电可靠性评价规程 第1部分：通用要求》DL/T 836.1—2016.

[2] 国家能源局.《供电系统供电可靠性评价规程 第2部分：高中压用户》DL/T 836.2—2016.

[3] 国家能源局.《供电系统供电可靠性评价规程 第3部分：低压要求》DL/T 836.3—2016.

[4] 国家技术监督局.《电能质量 公用电网谐波》GB/T 14549—1993.

[5] 中华人民共和国国家质量监督检验检疫总局、中国国家标准化管理委员会,《电能质量供电电压偏差》GB/T 12325—2008.

[6] 国家能源局.《电能质量评估技术导则 三相电压不平衡》DL/T 1375—2014.

[7] 中华人民共和国国家质量监督检验检疫总局、中国国家标准化管理委员会.《分布式电源并网技术要求》GB/T 33593—2017.

[8] 中华人民共和国住房和城乡建设部、国家质量监督检验检疫总局.《城市电力规划规范》GB/T 50293—2014.

[9] 国家能源局.《配电网规划设计技术导则》DL/T 5729—2016.

[10] 中华人民共和国发展和改革委员会,中华人民共和国住房和城乡建设部. 建设项目经济评价方法与参数（第三版）,中国计划出版社,2006.

[11] 舒印彪. 配电网规划设计 [M]. 北京：中国电力出版社,2018.

[12] [美] H. LeeWillis 著,范明天等译,配电系统规划参考手册 [M],2013.

[13] 赵亮. 世界一流城市电网建设 [M]. 北京：中国电力出版社,2018.

[14] 曾嵘. 能源互联网发展研究 [M]. 北京：清华大学出版社,2017.

[15] 肖凤彤. 现代咨询方法与实务 [M]. 北京：计划出版社,2019.

[16] 夏道止,等. 电力系统分析（第三版）[M]. 北京：中国电力出版社,2017.

[17] 陈珩. 电力系统稳态分析（第四版）[M]. 北京：中国电力出版社,2015.

[18] 方万良,等. 电力系统暂态分析（第四版）[M]. 北京：中国电力出版社,2016.

[19] 刘楠,等. 我国电力市场中长期预测与发展研究 [M]. 北京：吉林大学出版社,2012.

[20] 冯庆东. 能源互联网与智慧能源 [M]. 北京：机械工业出版社,2019.

[21] 康重庆,等. 电力系统负荷预测（第二版）[M]. 北京：中国电力出版社,2017.